尻で カスタネットを 奏でたら 視線が刺さり 震えたが 今日も猫は 愛おしい

著者 やーこ Yāko
イラスト 十筆斎 Jippitsusai

Shiri de kasutanetto wo kanadetara shisen ga sasari furueta ga kyōmo neko wa itooshii.

KADOKAWA

はじめに

お手に取って頂き、有難う御座います。

本書は愛すべき愛猫達との生活や、近所の猫達と、その周りの話を織り交ぜた、猫多めの成分で形成されているものである。「猫エッセイ」というよりは「そこはかとなく猫本」という方がしっくりくる事と思われるが、生温かい目で読んで頂ければ幸いである。

我が家には、茶白猫のうに（推定九歳から十一歳）と、ヒマラヤンのぺる（推定五歳から八歳）という猫がいる。

うにはよく行く大学で清掃員の方々に世話をされていた地域猫達のボスであったが、怪我により引退し、入院を経て我が家に来て頂いた。

ぺるは我が家を覗き見し、うにや私に熱視線を注《そそ》ぎ続け、更に目が徐々に目ヤニで覆われしんどそうであったので、説得の末に我が家の一員になって頂いた。

そんな愛猫達との話を読み進めていくうちに、途中必ずや

「猫……？」

と、いう疑問が立ちはだかる事と思われるが、我が家の猫達だけに留まらず、近所の不思議な猫達との交流もお楽しみ頂ければ、猫共々狂喜乱舞する思いである。

ブックデザイン＝松田 剛、日野凌志
（Tokyo 100millibar Studio）
校閲＝鷗来堂
編集＝重藤歩美

もくじ

はじめに――001

猫とは計り知れぬ謎の生き物――010
うちの猫達と睡眠――017
人も猫も犬も病院で葛藤する――023
音声入力をしたら恐ろしい事になった話――029
猫に神妙な面持ちで呼び止められた話――032
早朝に朝顔の横で危機に面した猫――034

猫の誘い――038
夜中に目が覚めて恐怖した話――041
猫とウザ絡みのオヤジ――044
うにの命名の話――047
猫達の言語能力の話――050
不審者に窓から家で一人でいる姿を見られた話――054
家で一人の時に窓を開けたら怖い目にあった話――059
盗難の被害にあった話――064
下着泥棒を放置した末路の話――069
自宅でトラブルにあった話――073
猫の手を借りまくる――076
猫の診察ですれ違い危なかった話――082
猫の病院で危なかった話――087

新型コロナウイルスと猫——092
外から不審な声に呼ばれた話——098
猫の異変に気がつけなかった話——104
動物病院で診察を拒否された話——108
タンブルウィード——113
うにとぺるの兄弟愛と鬱憤——116
文明の力と猫——122
ここまで読んでくださった皆様の中に生じているかもしれぬ疑問についての話——129
DMに返信したら大変な事になった話——135
台風と猫——137
猫を保護した話——142
友人オポポイの家の猫——149
猫にも理由があるという話——151

爪切りと猫の話――157
猫がほつれた話――160
犬や猫と暮らす人々――162
弱った猫の声が聞こえて後悔した話――168
猫に威嚇された話――171
我が家でのうにとぺるの話――176
猫と暮らせば――183

やーこのあとがき…196
十筆斎のあとがき…198

尻でカスタネットを奏でたら視線が刺さり震えたが今日も猫は愛おしい

猫とは計り知れぬ謎の生き物

猫とは計り知れぬ生き物である。

愛くるしさが凝縮されたような存在であり、時代を問わず多くの人類が完膚なきまでに骨抜きにされ続けている。重度となれば、猫がそこにおらずとも気配ですら可愛いと申し、僅《わず》かな毛一本からも猫成分を摂取するに至《いた》る『猫超人』なる者にまで進化を遂げる。

毛に包まれたふわふわな身体でテーブルや人の上に乗っても怒られぬうえ、壁で爪を研いでも許され、抜け落ちたヒゲは財布に入れると縁起が良いと重宝される。猫と生活を共にする者ならば綺麗に剥けた爪を何となく保管してしまう者も多い事だろう。

これらは全て、猫だからこそ許されている。

体毛の濃いふわふわな人間が、家の壁をガリガリと引っ掻き、テーブルや人の上に飛び乗ろうものならば通報案件である。

逆に言うなれば、ふわふわの体毛の人間の落とす毛やら爪やらを、拾い集める側も通報案件である。部屋に猫の毛が落ちていても何とも思わぬが、人のすね毛が落ちていたら顔をしかめる事請け合いであるこの差は歴然である。


例に漏れず、私も猫に射貫《いぬ》かれた一人である。

重症者ではないと信じたいが、気がつけばヒゲや毛などを収集し、猫の可愛さが過剰摂取され処理能力を超えた暁《あかつき》には愛猫を讃《たた》える歌などを口ずさむ、猫からすれば気持ちの悪い人間になってしまった。

今のところ、愛猫達から収集に対し苦情が入っていない事が救いである。

しかし、家族からは狂気を感じると苦情が入っている。


そんな幸福と猫毛にまみれた生活を満喫しているが、それに水を差す暗雲が立ち込めた。


ある日、起き抜けに右下腹部に若干の痛みを感じた。

虫垂炎《ちゅうすいえん》であれば押すと痛むという特徴があるので試そうとしたが、己に甘い性分が邪魔をし、いまいち押す事ができなかった。

何となく痛みが引いてきている気がしてきたので、もう少々様子を見ようかと思っていたところ、ぺるがベッドの横から顔を出してきた。

調子が戻ってきた事に安堵し、「一緒に、もう一眠りしよう」と声をかけると、ぺるはそれに応じベッドに乗り、私の方に寄ってきた。


その際に、何を思ったのか何故か盲腸を手で押していった。

見事なまでに的確な場所に入った。


その日、ぺるは「点穴猫《てんけつ》」という称号を得た。

東洋医学で必要とされる才覚が、私の盲腸を的確に突く事により開花した。

一瞬、人の盲腸を的確に突いてくるふわふわなオヤジが私の脳裏に舞い降りたが、猫であったので事なきを得た。


予想外のダメージに苦しむ中、ぺるが部屋を走り出て行く後ろ姿が見えた。

ややあって、ふと襖《ふすま》の方を見ると、ぺるが先住猫のうにを引き連れこちらを覗いていた。

どうしたら良いか分からないので、とりあえずうにを連れて来たらしい。

心配させてはいけないと起き上がり、スキップをしてみせたところ、今度はテーブルに左下腹部を強打した。

「ぽおおおぉぉおうぅ」

と、墓地を這《は》うような低い呻《うめ》き声が響いた。

呻《うめ》き声が少々特殊であったのは、悲鳴による右下腹部盲腸への振動が本能的に考慮された結果である。

盲腸へのダメージは最小限に抑えられた。

しかし、こちらも隣家も窓が開《ひら》かれていた為《ため》、私の呻《うめ》き声を耳にした隣のオヤジが窓から顔を覗かせた。

目が合い大変気まずい思いをしたが、もともとツクツクボウシの蝉声《せんせい》に合わせ腰を左右に振るなどしていたところを目撃された前科があるので事なきを得た。

隣人の理解に感謝している。

病院にて、問診が始まった。

少々厳しそうな立派な医者という印象を受ける中年男性医師であった。

ふざけた事を申したら叱られそうな雰囲気が漂っていたので、気を引き締めた。

しかし、名前を訊かれた際に

「ヒマラヤンのぺるです」

と、動物病院の癖でぺるの種族と名前を申してしまった。

そこはかとなく、お笑い芸人のコンビ名と名前の自己紹介のようになった。

猫の病院の癖でと謝罪したが、もう序盤から嫌な予感しかしない空気が漂った。

症状を伝える際に盲腸付近が痛む事を伝えると、圧迫した際は痛むかと訊《たず》ねられた。

「自分では押していないですが、猫に押されたら凄く痛みました」

と、包み隠さず答えた為《ため》、猫の手の借りどころを完全に見誤ったような返答となった。

医師が
「猫ちゃんか……」

と呟くと、看護師が何かに耐え始めた。

しかし、カルテの入力がキーボード打ちではなく音声入力であった為《ため》に
「猫に押されると痛む」

と、真顔の医師に復唱され、看護師の努力は水泡《すいほう》に帰《き》した。

私のカルテに盲腸を押す凶悪な猫が記載された。


診察ベッドに横たわり、腹部の触診が始まった。

最初に腹部全体を見て頂くシステムであるとは知らず、右下腹部が痛むと申したのに先程強打した左腹部が圧迫され、思わず痛みで声を発した。

「此処《ここ》も痛みますか?」

と、医師に質問されたので
「猫に向けてスキップした時に打撲した所です」

と、診察を惑わせぬよう正直に話した。

何故虫垂炎《ちゅうすいえん》の疑いがあるというのに猫にスキップを行《おこな》ったのかと、医師は別の意味で惑わされた。

しかも、医師の中で何か誤解が生じたらしく

「よく猫ちゃんと一緒にスキップする気になったねえ……」

と、真面目な顔をしているが、脳内ではかなりファンシーな光景が再生されているようであった。

看護師に被害が追加された。

私のカルテには「左腹部の痛みは猫とのスキップによる打撲」と書かれるのであろうか。

だとすれば今後診察が他の医師に引き継がれ、このカルテが出回る度《たび》に私に何か合法でない薬の服用が疑われかねぬ事態である。

腹部エコーの結果、少々盲腸が腫れているとの事であった。

軽めの虫垂炎《ちゅうすいえん》である。

薬を処方され、自宅療養となった。

やはり、早めに病院へ行く事は重要である。

胃腸系が弱いらしく、私はその後に胃腸炎やら憩室炎《けいしつえん》などを経験する事となり、迷ったら早急に病院へ行くという判断力が否応なしについていく事となった。

今回、早めに医者にかかれた事は、ぺるの点穴《てんけつ》のお蔭であるといえよう。
しかし、腹痛が来た際は、点穴《てんけつ》猫の存在に警戒を解けぬ状態となった。

うちの猫達と睡眠

猫と言えば、朝飯が欲しい時などに起こしに来たりするものであるが、その起こし方は多種多様であり、性格がよく表れる所である。

うには、ただひたすら皿の前で静かに待つタイプであった。

皿から目を離さず静観するその様は、武士が時が満ちるのを待つ姿のようであった。

しかし、共に過ごす時間が増えるにつれ、朝餉《あさげ》を要求する際に武士は私との間合いを徐々に詰め始め、日を追うごとにその背中が寝ている私に近くなっていった。

ある朝、目が覚めると武士の尻が視界一面に広がっていた。

本日最初に目にしたものが尻になってしまった。

孵化《ふか》したてのヒナならば、尻を親として刷り込まれる絶望的な状態であった。

うにには常々声をかけてくれても良いと伝えてあるが、そこは慎ましやかな性格である為《ため》か尻で語りかける手法が用いられているようであった。

「慎ましやか」とは一体何であったかと首をかしげる方もいらっしゃるかもしれぬが、そのようなところに引っ掛かっていては、謎のオヤジが多く生息する微妙に治安の悪いこの地においては歩行困難である。

そこに住まう私の精神安定の為《ため》にも、深く考えない事にして頂けると幸いである。（猫の尻など、近所でしばしば目撃される全裸で踊り狂うオヤジに比べれば大変可愛らしいものであり、謹《つつし》んで受け入れる所存である）

しかし、うにの事が好きで仕方がない猫、ぺるがそれを見つめていた。

ある朝、やけに鼻先が痒いと思い瞼を開《ひら》くと、うにの尻に並びぺるの尻が一つ増えていた。

尻が二つになってしまった。

それからというもの、二匹の猫尻の刷り込み現象は続いた。

如何《いか》に尻を潜在意識に刷り込まれようとも、私は人として尻と親とを混同させる事なく過ごし抜いた。

そんな慎ましやかな猫うにであるが、私は目が覚めてから布団でまどろむ時間が長い為《ため》、ついにもう少々積極的に行動に移す事にしたようであった。

とはいえ、慈愛に満ちた起こし方であり、優しく己の肉球を私の頬に添えるという、ハートウォーミングな行動であった。

流石は野良猫界の元ボスである。優しさや気遣いが違う。

しかし、肉球が心地良いからといって、にやにやと甘美な状況に甘んじていると、その柔らかい感触の中から何らかの鋭利な突起物がゆっくりと皮膚に伸びてきた。

徐々に爪を出している。

「このまま起きぬのならば、爪を食い込ませる事も辞さない」という最終警告である。

流石は元ボスである。ただ優しいだけではない、時には厳しくする事も心得ている。


一方ぺるは朝は少食派であり、朝食の催促をする事は殆どない。

基本的には、ぬいぐるみのポジションで私の腕の中に収まって寝ている事が多い。

しかし、朝起こしはしないものの、夜は私が先に眠りに就《つ》いていると、「ぬいぐるみに擬態するので腕の中にお邪魔させてほしい」と、トントンと私の肩を叩き、起こしに来る。

大変可愛らしく破顔の限りであるが、一つ懸念点があった。

その肩の叩き方が、駅員が終点で乗客を起こす手付きに酷似している。

私の睡魔は嫌な心臓の高鳴りと共に一瞬にして離散した。

以後、ぺるは目を瞑《つぶ》り腕の中で安らかな寝息を立てるが、私は乗り過ごしの恐怖で目が冴え渡るシステムである。

眠れなくなり、うにに慰めてくれと手を伸ばせば、心ばかりの毛づくろいが施《ほどこ》された後《のち》
「まあ、尻でも見て落ち着きたまえ」
と、尻を私の頬に寄せて眠りに就《つ》いた。

しかし、人間とは慣れる生き物である。

この適応能力こそが、人類を厳しい生存競争から生き残らせてきた要因の一つだといえよう。今や私は肩を叩かれようとも寝ぼけ眼《まなこ》のままぺるを迎え、会話までできるようになっていた。

ぺるを布団に迎え入れ、撫でた後《のち》に後頭部を鼻で吸引しながら眠るのが日課である。

とはいえ、いくら気心の知れた猫であろうとも、いきなり後頭部を吸うのは失礼にあたると思い、一声《ひとこえ》かけぺるに頭を吸われるにあたっての心の準備を設けている。

「頭を頂きます」

と、口に出しまどろみの幸福の中で瞼を開《ひら》くと、目の前に大変怯えた顔をした駅員が立っていた。


電車の中であった。

我々を生かしてきた適応能力が、私を社会的に抹殺しようとしている。

立派な不審者界の新生児である。

駅員は職務を全《まっと》うしようと乗客を起こしに来ただけであるのに、何故《なにゆえ》「頭を頂く」などと脅されなければならなかったのだろうか。

しかも、布団に招き入れる動作が現実でも反映され、私の両腕は若干広げられていた。

明らかに捕獲に備えたポージングであった。

沈黙の後《のち》、人間の頭は頂かぬ旨をお伝えしたが
「ニンゲン、頭、イラナイ」
などと、完全に頭をもぎ取ってくるタイプの化け物と化した。

私という名の一触即発の危機が駅員に訪れている。

寝起きの人間の思考回路と口の回転数ほど当てにならぬものはないと、その日私は知った。

そして、羞恥心が限界を迎えた。

申し訳ありませんでしたと謝罪し立ち去ろうとしたが
「申し!!」

と、裏返った奇怪な声を発しながら逃げ出す結末となった。

「申し、申し」と呼びかけ返事をした者の頭をもぎ取るという、化け物の新しい生態情報が駅員の頭に書き加えられた。

もし、お心当たりのある駅員には今此処《ここ》でお詫び申し上げる。
私は猫の頭は吸えど、人の頭は吸わない。
都市伝説の一つとなっていない事を切に願う。

人も猫も犬も病院で葛藤する

「生き物達と暮らす」という事は、病院へ足を運ぶ機会が増えるという事である。

しかし、動物達にとって病院とは、あまり行きたくないものである。

勝手の分かる人間であっても「病院」と聞けば尻込みし、できれば家で寝ていたいと欲望と健康の狭間で葛藤し布団に包《くる》まるのだから無理もない。

猫という生き物にキャリーバッグに入ってもらう作業は一般的には大変苦労を要するものであり、互いに騙し騙されの頭脳戦、陣形を組んでの猫追い、何ならばそもそも猫が見つからない、などとよく耳にするが、有難い事に我が家では割《わり》とすんなりと事が進んでいる。

ぺるに至《いた》っては、キャリーバッグに洗濯ネットを張り巡らせプリンセスのベッドの仕様に仕立て上げれば勝手に入っていく。ファンシーな猫であって助かっている。

うには自らは入らぬが、その場でうずくまる。

「いやなんですけど……」

と、不満げに物申しはするが、暴れる事なく持ち上げられバッグに収まってくれる。

しかし、ぺる程に抵抗がない訳ではない。

持ち上げる際に、脱力し柔らかさを向上、更に重心を下げる事によって自身の重さを増量したように錯覚させ持ち上げにくくするという細《こま》かな抵抗をしている。

分かりにくい者は、五kgの蠢《うごめ》く巨大な大福の餡《あん》が七kgくらいになるとご想像して頂ければよいだろう。

しかし、いくら餡《あん》が増量されようとも大福の健康が心配である為《ため》、屈する訳にはいかぬ。

餅が伸び中身の餡《あん》が下に偏《かたよ》るような重みを感じながら、最終的にはバッグにもっちりと収まって頂いた。

最後の抵抗として、キャリーバッグのチャック部分から尻尾をはみ出させ閉められないようにするなどしていたが、観念し徐々に尻尾は収納されていった。

暴れ狂うタイプの大福でなくて良かったと思っている。


そんなある日、うににウィンクされた。

迂闊《うかつ》にも心が射貫《いぬ》かれかけた。しかし、ときめいている場合ではない。

頻繁に行《おこな》うようならば、結膜炎などの何らかの目に関する疾患の症状である。

私は、大福化し踏ん張るうにをキャリーバッグに詰め込み、病院へと足を運んだ。

病院の前に到着すると入口に、リードを引く飼い主と、院内に入る事を拒否し蟹股で踏ん張っているフレンチブルドッグがいた。


受付を済ませ待合席に座っていると、先にいた明らかにテンションの低い柴犬が診察室に呼ばれた。

本日予防接種らしく、飼い主に励まされていた。

犬は尻尾を下げ、ちらりと
「この世の全てを恨んでやる」

といった怨根《えんこん》の眼差《まなざ》しを上目遣いに向けながら、重い足取りで診察室に消えていった。

少しした後《のち》、柴犬の悲痛な叫び声が聞こえた。

私も注射は苦手であるので柴犬の心中をお察ししていたところ、室内から獣医師の
「まだ何もしてないでしょ?」

と、柴犬に語りかける声が聞こえた。


しおれたテンションの低い犬が診察室から出てきた。

それと同時に、入口で踏ん張っていたフレンチブルドッグが、踏ん張っている形のまま飼い主に抱えられ院内へ入ってきた。

どの飼い主も愛故《ゆえ》の行動である。

どうか犬猫などの皆様には、ご容赦頂きたいところである。


うにの順番が来た。

獣医師にどうしましたかと問われたので「うにがウィンクする」と告げようとしたが
「うぬがウィンクをする」

と、主語に世紀末の猛者《もさ》感が漂ってしまった。

うぬはウィンクしない。

この時点で既に、獣医師達は今後の時間に嫌な予感が過《よぎ》ったという。

看護師が「うぬ……」と小さく復唱している。

どちらの目ですかと獣医師に問われ右目だと答えたが、我々が正面から見たうにの右目なのか、それともうにの体感的な右目なのか伝わりづらいと思い
「先生がうにだとすると、先生の右目です」

「先生の右目がウィンクします」

「あ、今私を見てしましたね」

「看護師さん達にもしました」

と間違いなきよう、うにを見つめ実況付きでお伝えしたが、音声のみで聞けば獣医師が我々にウィンクを連発しているようになった。

私が必死に伝えれば伝える程、獣医師が我々に愛想を振りまいているようになっている。

「僕はウィンクしません……」

という獣医師の声と共に、傍《かたわ》らでまだ「うぬ」に引っ掛かっていた看護師が限界を迎えた。

結果は、軽度の結膜炎であった。

診察を終えドアを開《ひら》くと、近所でよく会う犬のゴンタスと、その飼い主のスキンヘッドのオヤジがいた。

入れ替わるようにオヤジとゴンタスが診察室に入っていった後《のち》

「いいんですよ！ウィンクしなくて！」

という獣医師の悲鳴に近い震える声と、看護師の奇声が聞こえた。

恐らくゴンタスのオヤジが、中でウィンクを振りまいている。

獣医師も大変である。

音声入力をしたら恐ろしい事になった話

どのように文章を書くか思いついた際、後で書こうなどと思っていると数分後には跡形もなく頭から消え去ってしまうものである。

思いついたら即メモをとるようにしているが、大抵の場合それは何故かシャワー中であったりと、メモの取りづらいタイミングである事が多い。

一時中断し、脱衣所に置いてあるスマホに打ち込むが、その際我が家の猫達はずぶ濡れの「河童」と「ぬっぺふほふ」が合成されたような私の姿を目にする事となり、非常に難儀な思いをさせている。

しかし、まだシャワーなどは良い方であり、横になり睡魔に襲われている時が一番困難を極める。何らかの良い方法はないものかと考えあぐねていたところ、「スマホに音声入力をすれば良い」とアドバイスを頂いた。

早速試してみたところ、指で打ち込む事より遥かに楽であった。

眠気が覚めてしまう事もなく、非常に快適に睡眠を続行する事ができた。

朝を迎え、困難が一つ減った事に満足し、清書しようと意気揚々とメモを開《ひら》くと
「親指の中に小指が生えている」

などという、不気味な文章が綴《つづ》られていた。


何を書きたかったのか皆目見当《かいもくけんとう》もつかぬが、非常に気味が悪いという事だけは分かった。

しかし、一度の失敗で判断する事は早計である。

再び夜に音声入力を試してみたところ、翌朝
「髑髏《しゃれこうべ》にゃー」

と、猫からの恐怖のメッセージが入力されていた。

思い返せば、猫が私のほぼ耳元で何か鳴いていたような気がする。

スマホが私の声よりも猫の声を優先した為《ため》に、恐ろしいメッセージが残されてしまった。

何だか怖いのでそれからというもの、たとえ睡眠が妨げられようとも、私はしっかりと指で入力している。

―― 音声入力をしたら恐ろしい事になった話 ――

猫に神妙な面持ちで呼び止められた話

ある日、用事があり家路《いえじ》を急いでいると、背後から猫に呼び止められた。

振り向けば、道の真ん中で猫がこちらを一直線に見つめ、しっかと佇んでいた。

人間でいうところの仁王立ちである。

我々は夕暮れの中、静かに見つめ合った。

猫は非常に真剣な眼差《まなざ》しであった。

人の言語で予言でも言い放ちそうな、そんな緊張感が漂っていた。

脅かさぬように静かに背を向け再び家路《いえじ》に就《つ》こうとすると、猫が先程よりも更に大きな声で一声《ひとこえ》鳴いた。

よほど重要な要件があるのだとお見受けする。

心配になり、再び視線を猫へ戻すと
……プスゥーー……
と、こちらを見つめたまま放屁し、猫は去っていった。
どうしても聞かせたかったのだろうか。
因みに初対面の猫である。

早朝に朝顔の横で危機に面した猫

ある朝、朝顔の絡まる我が家の柵に、猫の顔が挟まっていた。

花に紛れ、妙に違和感がなかったので素通りするところであった。

しかも、ふくよかな猫であった為《ため》、絶対に通れぬだろうという柵の幅であった。

とはいえ、猫とは我々の想像を超えるものであるので、趣味で挟まっている可能性も否めぬところである。

趣味ならば邪魔をしては申し訳ないが、万が一にも身動きが取れぬのならば一大事であると思い、しばらく見つめていたところ

「……まんだむ……」

と、猫が呟いた。

猫かどうかも怪しくなった。

なんとなく、本人の意思とは関係なく挟まっているような気がした。

試しに近づいてみたが猫は逃げず、持ち上げてみても抵抗もしなかった。

しかし、顔の肉が邪魔をし抜けなかった。

あまりにされるがままであるので、長時間挟まっていたのではないかと一瞬心配したが、よく考えればつい五分程前に朝顔に水をやった時は、猫は咲いていなかった。

恐らく、ここ数分での開花である。


とりあえず、柵の上の方を私の怪力で曲げ、猫を上にスライドさせ救出する事にした。

しかし、意外と柵に弾力があり、少々曲がったとしてもすぐ元の形状に戻る為《ため》、私の頭を挟みスペースを確保した。

結果、猫共々私の頭が嵌《はま》った。


猫と似たようなポーズで柵に挟まる人間が増えた。

人類は猿から進化し、その手腕の器用さが特化したはずであるのに、何故この様な悲劇が起きてしまったのであろうか。

しかし、スマホがポケットの中にあった事は幸いである。

近くに住む友人は、突然「猫と共に柵に挟まっている」という不審な電話に睡眠妨害される事となった。

妙な夢だと思われ二度寝されず、本当に良かったと思っている。

「何をしている」

という友人の問いかけに対し、「挟まっている」と答えると、友人はおかしな猫と人間が一日の始まりとなった事を嘆《なげ》いた。


友人は先の私と同じように柵に手を掛け曲げようとしたが、華奢である為《ため》その方法で私の頭が引っこ抜けるかが危ぶまれた。

その点を懸念し、大丈夫であろうかと友人に訊いてみたが
「君に、私の頭が抜けるかな……？」

などと、妙に挑戦的な発言となった。

危うく捨て置かれるところであった。


友人が絶妙な角度を調整しつつ、私の頭を操作すると無事に抜けた。

そして、そのまま猫も同じようにスライドさせ、猫も抜けた。

我が家の柵は、若干私の頭の形が形状記憶された。

非常にカロリー消費の多い日曜の朝であった。

猫の誘い

愛猫うにから「一緒に窓から庭を眺めよう」との、お誘いがあった。

心苦しいが、私は忙しい。

綿埃《わたぼこり》を見つめたり、部屋の隅で意識を失ったりと余念がないのだと伝えると、若干語気強めに「にゃあ」と苦情を頂いたので、現在窓辺に至《いた》る。

天気も良く、気持ちの良い風が吹いていた。

しかし、来たは良いが大体途中で私は放置される。

なんなら、もう既に窓辺にうにはいない。

廊下側の襖《ふすま》に描《えが》かれた水墨画と絶妙に合う姿勢で、こちらに向けて視線を送っている。

そして、次は廊下に一緒に来てほしいと申している。

しかし、「あまり猫を甘やかすのも良くない」と、猫と暮らすにあたり人間界隈では囁かれている。

これに対し猫界では、真っ向から反発の姿勢であり、双方の話し合いが必要とされる。

現に今、そこの襖《ふすま》の模様と一体化している猫からも苦情が上がっている。

私は強い意志を持ち、抵抗せねばならないと決意した。


気がつけば廊下でうにと共に寝っ転がっていた。

猫を甘やかして何が悪い。

特にうには、野良時代は地域猫のボスという立場であり、縄張り外から現れる猫や、愛らしい見た目と反するパンチのきいた狸、猫好き故《ゆえ》にウザ絡みをする清掃員のオヤジ田中さんと、多岐《たき》に渡り縄張りの猫達を守ってきた。

戦いから逃げなかった証の鼻にある古傷や右手の後遺症が、今までのうにの勇敢さや、その責任感の強さを表している。

そして家に入った今も、私やぺるの世話まで焼いている。

今甘やかさずして、いつ甘やかす。

今こそ、この愛らしい家族に猫生の甘露《かんろ》を味わって頂く時である。

「猫に鍾愛《しょうあい》を！」

と、決意を表《ひょう》していると、父がぺるを持って「何だ？」と訝《いぶか》しげに横を通り過ぎていった。

そして、後から現れた母からは
「人間は邪魔」
と、世界を手中に収めようとしている魔王のような言葉を吐かれ、邪険に扱われている。
願わくば、私にも僅《わず》かばかりの鍾愛《しょうあい》を。

夜中に目が覚めて恐怖した話

　夜中に起きる際、共にベッドで眠る猫達を起こさぬようにしている。

　折角気持ち良さそうに寝ているところを邪魔するのは忍びない事と、私についてきてしまうと、うにとぺるが部屋に戻るまでに大変時間を要する為《ため》、ベッドに置いているナイトライトを点け起こさぬよう慎重に移動し、再び寝床《ねどこ》に戻るのが常であった。

　そんなある日、トイレに行きたくなりライトのスイッチを押した瞬間、下から照らされる薄目を開けたキジムナーのような何かが闇の中から現れた。

反射的にライトを消した。

人間は恐怖を感じると、とりあえず視界からその対象を消そうとするものである。

再び点けると、キジムナーらしき何かはまだそこにいた。

下から照らされたぺるであった。

妙に人間らしい表情をしていた。

しかも、寝起きでいつもよりも毛量がかさましされ膨張していた。

夜中に目が覚めたぺるが暇を持て余し、私の目が覚めた際に絶対に無視できぬ所で待機していたようであった。

一瞬にして私の眠気は覚めた。

そして部屋を出る際、まんまとうにとぺるも同行し、廊下でパーティーを始めている。

現在、午前三時四十分。

眠れぬ夜の手記

── 夜中に目が覚めて恐怖した話 ──

猫とウザ絡みのオヤジ

大学に、猫を愛しすぎるが故《ゆえ》にウザ絡みを繰り返す、田中という清掃員のオヤジがいる。

基本的には弁《わきま》えている為《ため》、猫に酷く嫌われる事はないが、要所要所で愛しさを爆発させ、猫達に迷惑がられている。


ある日、大学の裏庭を歩いていたところ、ウザ絡みの田中と、その同僚の爺さんが、猫を真ん中にして座り、並んで日向ぼっこをしていた。

爺さんが猫の背中を優しく撫でると、猫は大変愛らしい声で鳴き、その腕に頬を擦り寄せていた。

あまりに可愛かったので、触発された田中が「俺も」と言いながら猫を撫でた。

「に゛あ゛ぁ゛あ゛ぁ゛あ」

猫はデスボイスを発した。

聞いた事のない声が出た。

喉の調子が悪いのかと驚いた爺さんが様子を見ようとすると、猫は先程の鈴の鳴るような可愛らしい声に戻った。

しかし、再びウザ絡みの田中が撫でると、再度デスボイスが発せられた。

明らかに対応の差が生じている。

ペ○パーくんに雑な対応をされる自分を見ているようで居《い》た堪《たま》れなかった。

しかし、ある意味では、猫界のデスボイスを独り占めにする希少なオヤジといっても過言ではない。

何事も前向きに考えるのが幸せに生きるコツである。(相手が嫌がらなければ)

猫の邪魔にならぬ程度《ていど》に、強く生きて頂ければと思う。

うにの命名の話

うにはボス時代、茶白猫である事から「チャトラのちゃーくん」、猫パンチをよく出す事から「パンチくん」と呼ばれていた。

しかし、家に来てからは、こちらにパンチを出す事はあまりなく、せいぜい片手で数える程度《ていど》であった。

一度だけ、うにの爪が私の顔面に当たり若干血が出るなどあったが、以後は数回ぽこぽこと肉球アタックがあるのみであった。

そして現在は肉球アタックすらもなく、不服な事があればそっと私の手に自身の肉球を添え、紳士のように静止させるに至《いた》っている。

しかし、ぺるに対しては肉球で強めにどついている。

名前はうににとっての歴史であるので、そのまま「ちゃーくん」にしようかとも思ったが、動物病院で呼ばれる際に、例の頭にフグを纏《まと》う「さか◯クン」さんのように、名称の境目が曖昧になる事が懸念されたので控えた。

熟考の末「ねこ助」にしようかと思っていたところ、姉から

「もっと美味しい名前にしようよ」

という、うにから見たら大変不穏なメッセージが送られてきた。

よって、新たな名前を命名する流れとなった。

とろろ、大福、つまみ、ハッピー◯ーン、亀田◯菓などと、ついには企業名までをも迂回し、命名はかなりの時間を要し定まらなかった。

途中、姉にうにの写真を送ると

「おはよう、きなこもち」

と、きなこもち呼ばわりされるなどを経過した後《のち》、「うに」と決定した。

試しに

「うに」

と呼ぶと、若干濁音《だくおん》の混ざる声で返事が返ってきて、嬉しかった事を今も鮮明に覚えている。

猫達の言語能力の話

うには返事など会話が上手く、色々と語りかけてくれるようになった。

過去の動画を見返していると、鳴き方が随分変わった事に気がついた。

最初は「ゞみゃーーーーー」という一音であったのに対し、今では書ききれぬほど発声のレパートリーが増え、夜中に
「オトウサン……」

と囁かれ、肝が瞬間冷却された事もあった。

遅く帰ったり、うにがこちらを呼んだのに行けなかったりすると
「んもーーーーー」

などと、人間らしい文句を垂れながら、痺れを切らし駆け寄ってくる。

不満を表す言葉は猫界隈もこちらと同じであるらしい。

中でも、私を呼ぶ時は
「やーーーこぉーーー」

と、私の呼び名に寄せて呼んでくる。

気のせいだと言う者もいるかもしれぬし、実際そうであるかもしれぬが、私はどうにも呼ばれている気がする。

因みに、私は我が家でも実際に「やーこ」と呼ばれている為《ため》、これに至《いた》っては音声そのままの記述である。


ある夜、自室で猫の毛で人工的なケサランパサランを作っていたところ、うにが突然私と共に押入れを眺めたくなったのか
「やーこぉー……」

と、母の寝室の隣の和室で呟き出した。

母が「うにが、またやーこを呼んでいる」と布団に入り片耳で聞いていると、今度はぺるが「ひゃーー」と鳴きながら現れた。

そして、私の名を連呼するうにを見て、何を思ったのかぺるまで
「やーこぉー」

と、言い出した。

母は、ぺるの言語能力が上がった瞬間に立ち会った。

意図せずぺるの歴史的瞬間に遭遇してしまい、更にどちらも何故最後に音が抜けてしまうのかが気になり、布団の中で肩を震わせたという。

しばらくうにとぺるが交互に「やーこぉー」と連呼し、二階から私が大量のケサランパサランを持って降りてくるまでそれは続いたという。


うにとぺるが、こちらに合わせ言葉を発してくれている事が何となく窺《うかが》える。

ならば、こちらも合わせるのが礼儀というものである。

猫語について見聞を広げようと思い調べたところ、本来野生の成猫は猫同士のコミュニケーションとしてはあまり鳴かぬらしい。

つまりは、人間と生活する上で、こちらに合わせ語りかけているのである。

これを知った猫と共に暮らす者達は愛しさが止まらぬ事だろう。

猫語を練習し、私は親愛の証としてうにとぺるに向かい尻を高々と掲げ、溢れんばかりの敬意を表《ひょう》した。

ぺるは急な用事を思い出したのか走り去っていった。

うには「そんな事はやめたまえ……」という顔をし、見つめるばかりであった。

大人しく尻を下げると、うにがゆっくりと近寄り、私の腕にポンと手を乗せた。

上司が部下を励ますような手付きであった。

恐らく何の脈略もなく突然尻を掲げる私よりも、遥かにうにの方が社会性が高い。
人間社会に染まっちまって……と、思った。

不審者に窓から家で一人でいる姿を見られた話

家で米津〇師の練習をしていたところ、見知らぬ男が庭に侵入してきた。

今、家には私と猫しかいない。

せめて犬がいると思わせようと思い、庭に面した全面窓からレースのカーテン越しに姿が透けぬよう低い姿勢を保ち、私は大型犬を意識した鳴き声を発した。

この家に大型犬がいると思えば男も迂闊《うかつ》に手を出せぬだろう、そう思い勤《いそ》しんでいると窓辺でまどろんでいた猫が爪を引っ掛けカーテンが少し開《ひら》いた。

美しい白いレースのカーテンの隙間から、私の目に鮮やかな外の光が差し込んだ。

しかし、対極に男からは、薄暗い部屋の中で髪で顔の見えぬ人型の何かが、四つん這《ば》いで吠えている様子が垣間見えた。

米津〇師に少しでも寄せようと髪に細工をした結果が今悲劇に拍車をかけている。

一枚の窓を隔《へだ》て、不審な男と人になり損ねた米津〇師が出会ってしまった。


ふと、男の手を見ると回覧板が握られていた。

夢ならばどれ程良かった事であろうか。

あのフレーズを誰よりも感情を込め歌える自信が私の中に生まれた。

状況を好転させるべく挨拶をしようと腰を上げた瞬間、激痛が私を襲った。

立ち上がりきれず、人類の進化の図の二番目あたりの体勢で凄まじい形相を浮かべる謎の生き物と化してしまった。

急激な進化に身体が耐えられなかったのだろうか。

男は不気味な進化の場に立ち合ってしまい、この庭に足を踏み入れた事を深く後悔した事だろう。

これだけでも十分恐怖であるというのに、更にその生き物はバランスを崩し、妙に素早い動きを見せ窓に衝突した。

あわや大惨事である。

私は男と目が合ったまま、窓に手の痕を残しつつずり落ちた。

何かの研究施設の化け物がガラス越しに研究員を襲おうとしたシーンのようになってしまった。

ふと、視線の先で何かの勧誘のようなスーツ姿の二人組がこちらを覗いていた気がしたが、彼らは我が家を抜かし通り過ぎていった。賢明な判断であると思った。

男も回覧板を渡す事なく逃げる様に庭から去っていった。

せめて回覧板は置いていけと追いかけようとも思ったが、施設の強化ガラスを突破した化け物に追われる研究員の恐怖を新たに男に植え付ける可能性が高い為《ため》断念した。

いち早くこの土地から去らねばならない。

もしくは顔を変えて、素性を隠し過ごしたい。

指名手配犯がまず最初に考えるであろう思考に陥《おちい》った。

そう思っているとインターホンが押され、隣の奥さんが回覧板を持って現れた。

先程の男から話を聞き、心配し駆けつけてくれたようであった。

男は彼女の息子であった。

インターホンの場所が分からず、ドアの横にあるかと思い庭に入ったが、そこにも無かったので庭先で困惑していたらしい。

今後、彼が米津○師を見る度《たび》に、この出来事が記憶から呼び覚まされると思うと、私は胃の辺りが縮む様な感覚に襲われた。

回覧板を開《ひら》くと、最近この辺りに現れる不審者情報が載っていた。

私の佇まいに比べれば足元にも及ばぬ不審者風情であった。

カーテンは日頃からしっかりと閉めておくべきである。

因みに、人類の進化の図の二番目の時、猫は私の周辺を飛び跳ねまくっていた。

凄まじい形相の猿人の周りを猫が何往復も駆け巡る様は、さぞかし情報過多な光景であった事だろう。

それを全て目の当たりにした彼の脳への負荷を思うと、今でも申し訳のない気持ちになる。

その母親は息子の恐怖体験を聞き
「あ、多分、アイツだわ」
と、すぐにピンと来て、私が怪我をしていないか駆けつけてくれたらしい。
何故あの状況下で「多分アイツだろう」と、私とイメージが繋がったのかについては、あまり考えないようにしている。

家で一人の時に窓を開けたら怖い目にあった話

自室の窓を開けると、カラスとインコが飛び込んできた。

音で追い払おうとしたが手頃な音が出る物が私の尻しかなかった為《ため》、己の尻を打ち鳴らしながら鳥二羽と狭い室内で乱痴気騒《らんちきさわ》ぎを起こす事となった。

正気の沙汰とは思えぬ光景になってしまった。

字面だけならば「人間と小鳥達」というプリンセスを彷彿とさせるものであったが、視覚情報では決死の形相で己の尻を叩き続ける人間と、飛び回るカラスとインコであるので、プリンセスに並ぶ事は許されなかった。

時間は要したが、インコは押し入れに、カラスは説得の末に帰宅して頂く事に成功した。

インコに更なる負担がかからぬよう、落ち着くまで押し入れを少し開けた状態にして休ませた。

ややあって、そっと隙間から押し入れを覗くと、同じように顔を傾けこちらの様子を窺《うかが》っているインコと目が合った。

深淵《しんえん》を覗く時、深淵《しんえん》もまたこちらを見ている。インコが深淵《しんえん》を体現している。

こんなにもインコと見つめ合ったのは初めてであった。

しばしの沈黙の後《のち》
「……ジュビジュバ……」

と呟き、こちらに正面を向けたまま横にスライド移動し物陰に消えていった。

とりあえず動物病院に連絡したが
「押入れに青いインコがいるのですが、どうしたらよいですか？」

などと、「押し入れに青い猫型ロボが湧《わ》いたので、どうしたらよいか」と問う事に等しい対処の困る問いかけとなった。

看護師も混乱したのか
「……青い……ネコ？が、押し入れに？」

と、若干例の猫型ロボに意識を引っ張られているようであった。

保護に必要なカゴなどを買いに行きがてら動物病院へ相談しに向かうと、道中に明らかに道に迷っている心許《こころもと》ないオヤジが佇んでいた。

迷い鳥だけでも手に余るというのに迷いオヤジまで現れてしまった。

オヤジの目的地が反対方向であったので、動物病院へ行った後《のち》に案内する事にした。

動物病院では、電話応対した看護師によって
「やーこさんが押し入れから出てきたインコを連れて来ます」

と伝えられ、獣医師は「また何か拾ったか……」と身構えていた。

しかし、私がインコではなくオヤジを携《たずさ》え現れた為《ため》に獣医師に戦慄《せんりつ》が走った。

押し入れに出たものが「オヤジのような例のドラ」ならばまだ許されるが、「例のドラのようなオヤジ」は駄目である。

カゴと応急処置ではなく、檻と法的措置が必要な事案と化す。

そんな獣医師の内心の衝撃など露知らず、インコの保護の仕方を訊き病院を後にしたが、終始誰もオヤジの事には触れず、オヤジも黙って獣医師を見つめていた為《ため》、獣医師達の精神にしばらく謎のオヤジの存在が後を引く事となった。

再度オヤジではなくインコを連れて動物病院へ向かった。

診察中に迷い鳥の問い合わせはないかと訊いたところ、問い合わせもなければ、相当特徴的なものがなければ飼い主のもとへ戻るのは難しいかもしれぬという。迷い鳥ならばインコも飼い主が恋しいであろうし、飼い主も気が気でない事だろうと、心を痛めていたところ
「おほほほほほほほほほほほほ」

と、唐突にインコが笑い出した。

突然強めな特徴が出てきた。

どこかのマダムがインコに転生したかのようであった。


特徴的な笑い声の為《ため》あってか、すぐに飼い主を名乗る者から問い合わせの電話が来た。

電話口で笑う声を聞き、このインコの飼い主はこの者で間違いないと確信した。

インコは飼い主のもとへ無事に戻ったが、しばらく笑い声が耳に残った。

その後、獣医師には
「オヤジを拾ってくるとは思わなかった。オヤジはうちでは無理です。うちは猫や犬までです」
と、念を押され、その背後でいつもの看護師が悶《もだ》え苦しんでいた。

インコなどの保護についてであるが、今はインターネットなどでも拡散がきく世の中であるので見つかる事も多いが、その反面飼い主でもないのに売る為《ため》に名乗りを上げるケースもあるようである。

その為《ため》、ポスターにはインコの性別や「おほほほほ」の件《くだ》りは細《こま》かく書かず、

「鳴き方に貴婦人の風情あり」

と書かせて頂いた。

連絡があっても、すぐに引き渡さずインコの特徴を飼い主に言ってもらうなどして、最後まで慎重さを欠いてはならない。

また、家での保護が難しい場合は、動物病院やペットショップなどに相談してみるとよい。

どうか迷子の動物達が自分の家族と無事に再会できる事を、心から願っている。

盗難の被害にあった話

連日、父のブリーフが盗まれるという事件が発生した。

下着泥棒ではあるが、父のブリーフが色濃く絡むが故《ゆえ》に、野放しも嫌であるが捕まえるのも何だか嫌だという「なるべく触れたくないが、放っておくには不穏がすぎる」という祟り神の一種の様な存在と化した。

しかし、いつ標的が父のブリーフから真っ当な下着に移るかも分からぬ為《ため》、一件を警察に投げ、付近の巡回が強化された。

父のブリーフの残機はあと七枚である。

ある昼下がり、自宅で散髪に挑む為《ため》、トランクス姿で散髪用の銀のケープを装着したところ、エリマキトカゲの怪人のような佇まいとなった。

そのうえ、このタイミングで私の過去の悪事が明るみとなり、母に説教されるという視覚的に見苦しい事態となった。

そんな最中《さなか》、ふと母は正座する私の後方の窓の外で、野良猫が洗濯物に向かい激しく舞っている姿を目にした。

不審な猫の介入により、説教は中断された。

窓を開け、地に落ちたブリーフを拾いつつ横を見ると、猫が父のブリーフを咥えこちらを見ていた。

父のブリーフが猫に誘拐されんとしている。

返して頂けるよう交渉しようとしたところ、猫は小走りで逃走を果たし、颯爽と向かいの家の庭へと姿を消した。

その間こちらでは、民家の茂みからガサリと音を立て現れたブリーフを大量に持つ怪人と、巡回中の警官との出会いが生じていた。

明らかに犯行後の佇まいであった。

しかも、ブリーフ泥棒というだけでも重罪であるというのに、この佇まいから「頭の狂った」という枕詞が付属される事態である。

誰が見ても満場一致の、頭の狂ったブリーフ泥棒がこの地に降り立った。

私の脳裏で冤罪《えんざい》という二文字が父のブリーフと共にはためいている。

父のブリーフの残機はあと六枚である。


しかし、警官の動体視力が先のブリーフを咥えた猫を捉《とら》えていれば、この事態の説明に説得力が出る事が予測された。

僅《わず》かな希望にかけ「猫が父のパンツを……」と、口を開《ひら》いたが、失敗すればこの佇まいのまま警官と共に我が家の門を叩き、両親に「本当にコイツはそちらの一族の者か」と確認される未来が待ち受けているかと思うと、恐怖から言葉が詰まった。

その結果「猫」が発音できず
「ぬぽぉ……っ」

と、奇怪な鳴き声を警官に発する事となった。


もはや「怪人」とも言えぬ感じになってしまった。

奇怪な鳴き声を発するブリーフ好きの化け物である。

もし、ブリーフの神がおわすのならば、父のブリーフを捧げる代わりに、今この瞬間だけでも私に社会的信用を与えて頂けぬだろうか。

そして、願わくば警官との同行帰宅の回避を望む。

深い沈黙の最中《さなか》、私は居るかも分からぬブリーフの神に祈りを捧げた。

私は己の身の潔白を証明する事に全力を注《そそ》いだ。

その結果
「どうぞ、これが父のブリーフです」

と、土地の名産品の要領で、警官に父のブリーフを差し出す悲しきモンスターとなった。

その後、母は窓から出て行った奇怪な格好の我が子が、警官とブリーフと共に玄関から再び現れるという経験を積んだ。

説教が二倍となった。

下着泥棒を放置した末路の話

風は、その時々の草木の香り、花びら、夕暮れの涼しさ、と四季を運ぶ。

私の住まう土地の風は、近所の猫に盗まれていた父のブリーフを運んだ。

何故この地域の風は冒頭に記したような美しいものではなく、人類にとって最も身近で不穏な布を運んできたのだろうか。

とはいえ、他人のブリーフである事も懸念され、庭木にかかったブリーフを父と私は遠巻きに見つめていた。

その最中《さなか》、母の長年によって培《つちか》われた千里眼により
「これは父のブリーフで間違いない」

という恐怖の鑑定結果が下された。

一枚帰還により、父のブリーフの残機は七枚となった。

しかし、父はもう既にこのブリーフに足を通す気はない。

例えDNA鑑定を経てこのブリーフが父の物であると証明されようとも、心のどこかに「見知らぬオヤジと一枚のブリーフを分かち合うかもしれぬ恐怖」が、ちらつく事が原因である。

しかし、このまま庭木にブリーフを咲かせておけば
「やーこさんのお宅は、奇抜なブリーフの干し方をするのね」
などと、ご近所に囁かれる未来が容易に想像された為《ため》、ブリーフは収穫された。
約一週間の放浪の末に舞い戻ったブリーフの活用法があれば、誰か御教示願いたい。

そろそろブリーフ問題から解放されたい一心である。

強風が吹く度《たび》に父のブリーフが舞い戻る事態となれば、我が家は風に怯える民となる。

そもそも、猫によってばら撒《ま》かれた父のブリーフが、この地に眠っているという事実だけでも恐怖そのものである。

どうか、土中から這《は》い上がる事なく、安らかに深くお眠り頂きたい。


そう願いつつ、一抹の不安は残るものの平穏に過ごしていたところ、ある日一通のDMが私のもとへ届いた。

開《ひら》いてみると、道にしんなりと落ちているブリーフの画像が現れた。

道端でブリーフを見つけても、我が家の連想はお控え頂きたい。

間違ってもＤＭに
「やーこさんのお父様のパンツですか？」

などと、写真付きで送ってはならない。

うっかり電車内で見た為《ため》に、虚を衝《つ》かれ美女の面前で咽《む》せかえった。

美女と私との間に広がる「月とスッポン」程の差が「月と掃き溜め」の差へと拡張された
この責任は如何様《いかよう》にして取って頂けるのだろうか。


因みに、ＤＭに送られてきたブリーフについての我が家の鑑定士による見解は
「これは父のブリーフではない」

との事であった。

そもそも、土地が違いすぎる。

父のブリーフが海をも越えたとなれば、それこそ怪奇現象以外の何物でもない。

写真など撮っている場合ではない。早急にブリーフを保護した後《のち》、適切な供養が必要とされる。

兎《と》にも角《かく》にも、私はあの電車内で、見知らぬ者にオヤジのブリーフを送られ、見知らぬオヤジのブリーフで咽《む》せた、見知らぬ怪しい者となった。

皆様のもとに、身元不明のブリーフが舞い降りぬ事を切に願う。

しかし洗濯物を干す際は、ブリーフであるからと安心する事なかれ。

人間の手によりブリーフが盗まれたという案件も多々存在している。

我が家は愛らしき野良猫の仕業であったので、父は

「譲る！」

と、申していた。

譲る！などと申されても、どちらかと言えばそんな物を譲られた猫が心配であるが、各地に散らばる父のブリーフが何らかの役に立ち、間違えても災いを招かぬ事を願うばかりである。

自宅でトラブルにあった話

その日、私は久々の積雪に気分が高揚し、自室で降りしきる雪を眺めながら自作の腰蓑《こしみの》を頭に被《かぶ》り身体を揺さぶっていた。

すると、屋根からの雪の落下に伴《ともな》い、大きな音がすると共に家が少々揺れた。

これも雪の醍醐味《だいごみ》であると思っていると、猫達がわざわざ一階からポコポコと八個分の肉球の足音を響かせ上がってきた。

そして、襖《ふすま》の隙間から顔を並べ、訝《いぶか》しげにこちらを覗いた後《のち》に去っていった。

非常に何か言いたげな顔をしていた。

更にまた落雪の音が響くと、振り向けば今度は母が現れ、先程の猫達同様に訝《いぶか》しげな視線を私に注《そそ》いでいた。

何事かと声をかけると
「凄い音がしたから、部屋で四股《しこ》踏んでるのかと思って……」
と、落雪の音と振動を私が四股《しこ》を踏む音だと思い込んでいた。

相撲神事にそこまで情熱を注《そそ》いだ覚えはない。

自室で家が轟《とどろ》く程の四股《しこ》を踏むなど、床下の悪霊を踏み鎮める事に余念がなさすぎるのではないだろうか。

しかも、現在私は頭から腰蓑《こしみの》を被《かぶ》っている為《ため》に、どちらかと言えば踏み鎮められる側の風貌である。

間違っても大人しい恰好ではない為《ため》、四股《しこ》ではなくとも何らかの騒音の原因であると疑われかねぬ佇まいではあった。

実際に母の目は、夜道で小豆をぶち撒《ま》け一心に拾う私に出会ってしまった時の警官の心配と警戒が入り交じった目に似ていた。


明らかに疑われているので、私は先程までの「積雪の舞」を母に見せつけ、腰蓑《こしみの》の素材のビニールテープが揺れる音はすれど、あのような爆音が鳴らぬ事を示し、落雪が原因であると誤解を解いた。

しかし、母は終始「何故こんな光景を見せられているのだろう」という顔をしていた。

ややあって、腰蓑《こしみの》が猫に襲われたので大人しく床《とこ》に就《つ》く事にした。

再び落雪の音が響くと、隣で寝ていた猫が頭だけを起こし
「うにゃんにゃんなん……」

と、目も開けずに文句を言い、再び眠りに就《つ》いた。

母の誤解は解けたが、猫の誤解は解けていなかったようであった。


自室で四股《しこ》を踏む迷惑力士として認識されているのは遺憾《いかん》である。

因みに、今まで一度も自室で四股《しこ》を踏んだ事はない。

何故疑われているのか理解に苦しむ夜となった。

猫の手を借りまくる

私は文章に携《たずさ》わってからというもの、酒と武術とアルバイト、それ以外は籠りがちである。

そんなある日、タロット占いを生業としている武術仲間が大阪から来るので、折角なので占ってもらったところ「外に出ろ。人間と関われ」と、開口一番に言われた。

特殊能力の無駄遣いをさせてしまった感が否めぬ。

山にでも登り、登山客とすれ違えば解決だと伝えると

「どうしても、町で人に会いたくないいんですね……」

と、心配すらされた。

人に会いたくない訳ではないが、どちらかと言えば人ごみに揉まれるよりも、草に揉まれたい。更に欲を言えば、草よりも猫に揉まれたい。

その結果がこの体《てい》たらくである。

武術練習は怠らぬが、夏場は外が暑い為《ため》室内でよく行《おこな》っている。

しかし、先日棒を振り回したところ襖《ふすま》二枚をぶち抜いて刺さった。

大変圧巻であった。

両親による糾弾《きゅうだん》を回避すべく、応急処置として障子《しょうじ》の糊を持ち出し、一目見ただけでは分からぬように隠蔽工作する事に成功した。

皆様が今これを読んでいるという事は、私はもうこの世で悪事についての制裁を受けている事だろう。ブログやXの更新が途絶えた際は、のっぴきならぬ事になっていると偲《しの》び、万が一お会いする機会があれば酒でも添えて頂ければ幸いである。


このようにして、日々の大半を家で済ませている。

気が向けば近所徘徊などしているが、この地域には謎のオヤジや警官がうろついている為《ため》、外に出る事はある程度《ていど》の覚悟が必要とされる。

しかし、それも締め切り大詰めに入れば頻度が減る為《ため》、猫達からの庭を見るお誘いなどは外界とを繋ぎ季節の移り変わりを感じられる大変有難いものである。


時に昼夜を逆転しがちになってしまう事もある。

夜中にPCを開《ひら》いたところ、うにがPCと私の間に立ちはだかり、己の側面を見せつけ「猫の面積を求めよ」と強制的に視界が塞がれた。

うにの胴体しか見えぬ。

ほぼ顔面に密着し、毛しか見えぬ故《ゆえ》、猫の面積の解も導き出せぬ。

夜更かしが連日続いた為《ため》、うにストップが入ったようであった。

うにのお心遣いを無下にするようで心苦しいが、寝ると見せかけスマホで作業の続きを行《おこな》う事にした。

古来より生じている猫と作業する人類との攻防戦は、科学の発展が今程でなかった時代においては猫の介入により全作業停止に追い込まれていた事だろう。

文明の利器の勝利である、先人達に心からの感謝を！

スマホを手に人類の進化に陶酔《とうすい》しつつ横になった瞬間、ぺるが何処《どこ》からともなく現れ、私の肩をトントンと叩いてきた。

「ちょっと、此処《ここ》よろしいですか？」と、腕枕を要求している。

まあ、よろしかろうと腕を広げると、何故か脇の上を領空侵犯した後《のち》、肩上にどすりと横たわった。

丁度、スマホと私の顔面の狭間であった。

ぺるの背中しか見えぬ。

助けを求めようと、うにの方へ視線を向けたが、気がつけば机の上から姿を消していた。

どこへ行ったと視線を巡らせていると、足元にもっちりとした感触が現れた。

うにである。

心なしか口角が上がり、ちょっと笑っているように見える。

動く事もままならぬ状態になってしまった。

文明の利器は猫に敗れたり。

どんなに世が進み科学が発展を遂げようとも、使用する側の頭が変わらなければ結果も変わらぬという真理を垣間見た。

このようにして、私の睡眠は強制的に保たれている。


しかしながら、うにやぺるが居なければ、私は部屋に籠りきり寝不足の青い顔で薄ら笑いを浮かべながら奇怪な文章を量産する、薄気味悪い人間になっていた事だろう。

宇宙人ですら人類のサンプルとして攫《さら》うのを躊躇《ちゅうちょ》するレベルである。

そのような不気味な者が我が家で産声を上げるに至《いた》っていない事は、うにとぺるの功績である。

人間、睡眠をとる事、四季の移り変わりを感じる事は大切である。

故《ゆえ》に、私は涼しくなったら山へ赴《おもむ》き登山者とすれ違う。

今回はうにが寝ない私を見兼ね満《まん》を持《じ》してPC妨害を行《おこな》ったが、普段はぺるがフランクに行《おこな》っている。

ぺるが容赦なくキーボードを踏むのに対し、うにはなるべく踏まぬよう配慮し視界を塞ぐ手法をとっている。

そして、うにがPC前にいる際にぺるが現れキーボードを押そうとすると、うにがぺるの頭をどついて止める。

我が家の秩序はうにによって保たれていると言っても過言ではない。

そして、私の健康面は間違いなくうにとぺるのおかげで保たれている。

猫の診察ですれ違い危なかった話

尻にカスタネットを挟み打ち鳴らす練習をしていたところ、猫が畳に尻を擦《なす》り付け高速移動し始めた。

普段やらぬ行動の為《ため》、只事《ただごと》ではないと病院へ連れて行く事にした。

受付にて

「尻に不安を抱えておりまして……」

と伝えると、数秒の間《ま》の後《のち》

「猫ちゃんの、お尻ですよね？」

と、尻の所有者の確認をとられた。

「私の尻は好調です」

と答えた為《ため》、海外の間違った日本語の教科書のような会話が私と看護師の間に発生した。

受付に私の尻のコンディションが露呈《ろてい》してしまった。

ふと、後ろを振り返ると、椅子に座っていた会計待ちの飼い主が柴犬で自分の顔を隠し震えていた。

柴犬は笑顔であった。


すぐに診察室に入る事ができた。

猫は診察台の上で固まり、看護師に励まされている。

動物病院へ行く際、症状の動画があると状況が伝わりやすいと聞いていたので、私は動画を撮った事を伝え、獣医師にスマホを見せた。


その瞬間、獣医師の目に室内を尻で駆け回る不気味な人間の映像が直撃した。

猫の行動を私が忠実に再現したものである。

獣医師は私のスマホを見つめたまま
「これは、どうして……」

と、声を漏らした。

どのように撮ったのかと訊かれたのかと思い
「母が撮りました」

と答えた為《ため》、尻で爆走する我が子を撮る母親という、不気味な親子の背景まで露呈《ろてい》した。

獣医師の呼吸に危機が訪れている。

「すみません……一回、猫ちゃん……しまってくださぃ」

と、息絶え絶えに獣医師による突然の猫しまえ令が下された。

獣医師は呼吸を整えた後《のち》
「まさか人だとは思わないじゃないですか……」

と、美女と野獣でうっかり食器を割りまくった美女が、呪いで人がポットなどに変えられていた事を知った際に言いそうなセリフを吐いた。

更に何を思ってか、獣医師が看護師にもその動画を見せた為《ため》、被害は拡大の一途を辿った。


ややあって、全体が落ち着いた後《のち》に診察が再開された。

気がつけば看護師は別の者に代わっていた。

猫の高速尻走りは、肛門腺に液が溜まっていた事が原因であった。

若干猫の尻が腫れていた事もあり写真を撮ったので、これを元に肛門腺の場所などを説明してもらおうと提示したところ、操作を誤り私の尻カスタネットの動画が現れた。


尻でカスタネットを奏でる映像だけでも既に奇怪であるというのに、画面下部には真剣な顔をした丸顔の猫の首から上が映し出され、恐らく尻を擦《なす》り付けているであろう微振動で画面に直進し巨大化していく様が映っていた。

二度目の危機が獣医師を襲った。

動物病院であるのに、猫ではなく別の意味で治療の必要そうな人間の動画を二本も見せられた挙句、猫の顔が画面全面を埋め尽くし獣医師へ深刻なダメージを与えた。

奇しくも、受付で申した尻の好調さに対し凄まじい説得力を放つ動画となった。

尻カスタネットなど映像に残すものではない。

客観的に己を見つめようと試みた事が、取り返しのつかぬ悲劇を生み出した。

しばらく顔を合わせる度《たび》に、獣医師達の脳裏に尻カスタネットが過《よぎ》るかもしれぬと思うと居《い》た堪《たま》れない。

因みに、猫には肛門絞りはあまり必要とされていないというが、愛猫のように液がドロドロのタイプであれば定期的に絞る事が必要とされる。

十人十色、それぞれの肛門にそれぞれの事情ありである。

少しでもおかしいと思えば、獣医師に相談する事をオススメする。

また、肛門腺は下手に自分で絞れば爆発させてしまう事もあるので、プロにまかせる、もしくは相談して習う事が必要である。

間違っても自己判断で絞ってはならない。

愛猫の肛門が爆発するか否かは我々にかかっている。

猫の病院で危なかった話

以前、猫が畳に尻を擦《なす》り付け高速移動したので病院へ連れて行った際、症状の動画があると分かりやすいと聞いたので、私が再現した高速尻歩きの動画を獣医師にお見せした。

名案であるかに思われたが、院内が阿鼻叫喚《あびきょうかん》と化したので、この手法は失敗であったと学んだ。

ついでに私の尻で奏でる尻カスタネットの動画まで露呈《ろてい》し、事態はより不気味な方向へと加速していった。

あれから約一ヶ月後、突然猫が舌を出し咳のようなものをし始めたので、病院へ連れて行く事にした。

同じ過ちを犯し診察が止まらぬよう動画ではなく、その時の猫の図を描いて持参し、獣医師に見せた。

※実際の絵

診察が停止した。

私の絵心が皆無な為《ため》に、不吉な予言をしてすぐに絶命する妖怪のような雰囲気が漂ってしまった。

獣医師は苦しむ事となった。

しかし、絵の効果もあってか、若干悲鳴にも似た声で「気管支炎!」と息を切らせながらもすぐに診断が下された。

幸いにも早くに病院へ行けた事により、大事なかった。

帰宅し猫を部屋に解き放った後《のち》、近所のコンビニへ行き財布を出したところ、鞄に入れたままであった猫の絵が落ちた。

親切な店員が拾ってくれたが、手に取った絵を認識した瞬間

「おけけさま!」

と、奇声を発した。

「お毛毛さま」という謎の毛の神が私の背後に現れたかのような発声であるが、恐らくは「お客様」の成れの果てである。店員はなるべく猫の絵を視界に入れぬようにしようとしたのか、こちらに渡す前に紙を震えながら裏返した。

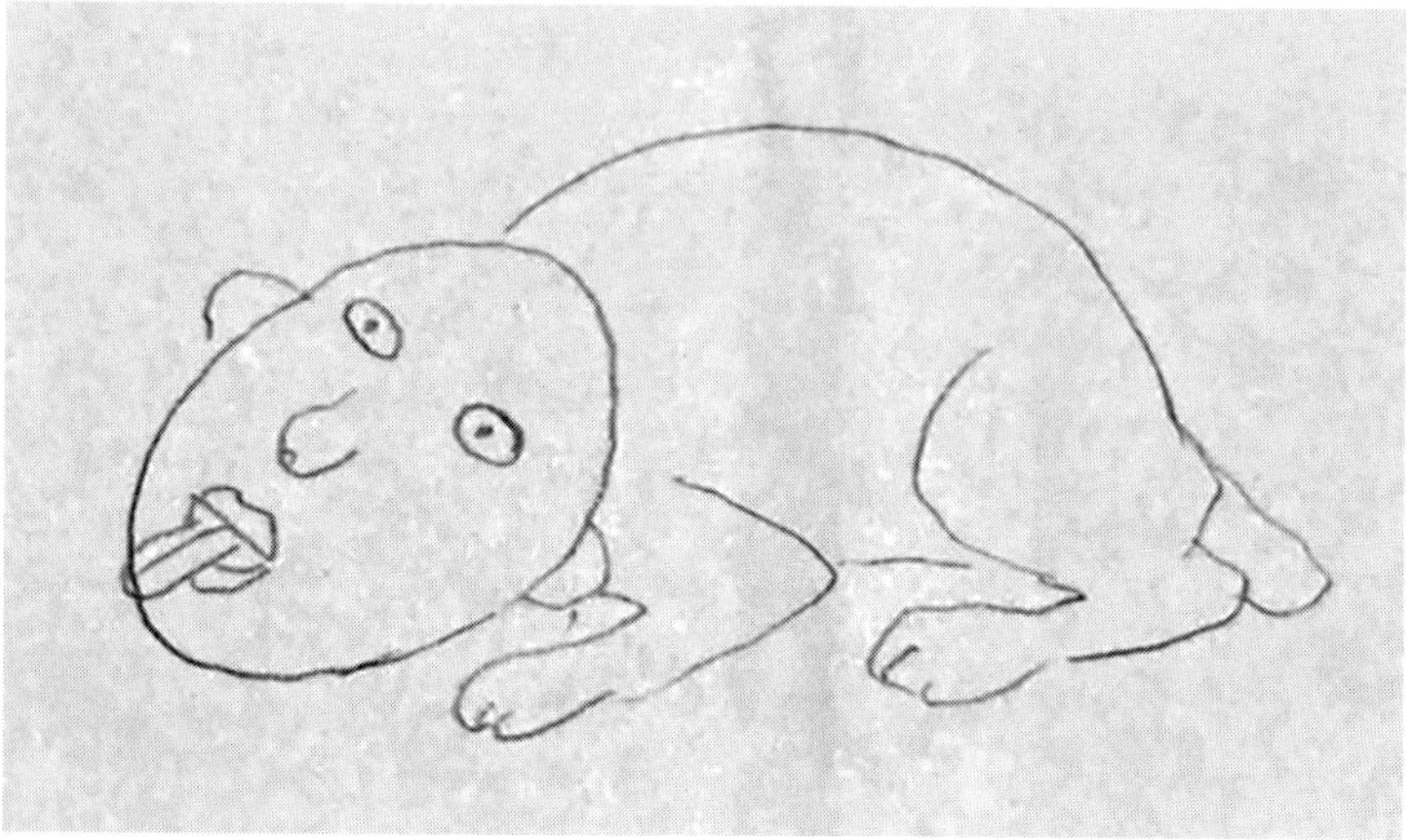

※実際の絵（失敗した方）

しかし、裏にも一度失敗した猫の絵が描かれていた為《ため》、店員の視覚的退路は断たれた。

「何ですコレ?」

と、半泣きで訊かれたので

「うちで飼ってるんです」

と、答えた。

後《のち》に友人に猫の絵を送った際

「〃あかなめ〃にしか見えない」

というメッセージが送られてきた為《ため》、恐らくあのコンビニで私は「あかなめ」を飼っていると思われている。

新型コロナウイルスと猫

大分遅ればせながら、私はこの夏ついにコロナに罹《かか》ってしまった。

幸運な事に四〇度の発熱は一日のみであり、割《わり》と早くに微熱へと移行した。

しかし、免疫が弱った事により「手足口病」が併発された。

喉の痛み、徐々に広がっていく湿疹、痒みによる睡眠不足、熱風を吐き出す壊れたクーラーなど、コロナとは誠に恐ろしいものであった。


コロナには集中力や思考力が低下するなどの後遺症が起こる事もあり、更に恐ろしい事に本人には自覚症状がない場合があるという話を聞いた。

週二回のXの定期投稿は奇跡的にストックがあった為《ため》に事なきを得たが、私には投稿直前まで修正を加える悪癖がある為《ため》、手を加えたが故《ゆえ》に逆におかしくなる可能性が危惧された。

気がつかぬうちに奇々怪々な文章になっていては大変だと思い、担当の者へ現状報告も兼ねてメールを綴《つづ》った。


「今、ほやほやのコロナ野郎になっております。

微熱と謎の湿疹と喉の痛みに苛《さいな》まれております。

体力的には尻にカスタネットを装着し踊るなどしてみましたが、多少弱っている程度《ていど》で特に問題なさそうでした。

Xはストックがあったので何とかなっておりますが、今後文章が更に日本語的におかしくなったり、奇々怪々を極めましたら
『脳にキテますよ』

と、お教えくださると助かります。

（そういった症状は自分では分からないらしいです）

そうなりましたら、尻カスタネットなどせず、いよいよ本腰を入れて療養します。」

（ほぼ原文ママ）

担当の者からは、すぐに教えてくれる旨と共に
「元の文章もなかなかの奇妙ぶりなので、おかしくなった事に気づくかどうか……」
といった非常に理解度の高い返事が来た。

ついでに湿疹により皮膚がドット柄になったが特に問題はなく、尻カスタネットもできる旨についても

「想像でしかないですが、まぁしんどそうなイメージですので、ぜひ今は我慢していただき……」

と、こちらの尻にも心を砕いてくださっていた。

恐らく担当の者の脳裏に、尻にカスタネットを挟み打ち鳴らすＰＯＰな柄の不審者が現れた事だろう。

勤務中に申し訳のない事をした。

尻用のカスタネットは、そっと部屋の隅に置いた。

すると猫がすぐさま現れ、カスタネットの上に座るという厳戒態勢が敷かれた。

猫からしても迷惑だったらしい。

熱も概《おおむ》ね平熱となり、あとは全快を待つのみかと思われたが、私のドット柄がその範囲を広げ、更に痒みから痛みを帯び始めた。

手足口病が本気を出してきた模様、痛痒くて眠れぬという地獄を味わった。

「チクショウ。手足口病なんて『あたま　かた　ひざ　ぽん』みたいな、陽気な名前しやがって」

などと、怨みごとを漏らしては母に熱で譫言《うわごと》を言っていると怯えられた。

二日程すると痒みも引き、コロナの影響らしき全体的な喉の痛みも引いた。

しかし、何故か喉の右側だけに痛みが残っていた。

何事かと自分で鏡を駆使し確認すると、巨大な口内炎と対面を果たした。


この様な所に口内炎が生えるとは思っていなかった。

痛みによって食欲が落ちてしまう事もあるというが、私の食欲は微塵も衰える事は無かった。

私は口内炎の存在を無視し、スタミナ重視の食事を摂り続けた。

しかし、その反抗的な姿勢が口内炎の逆鱗に触れたのだろう。

翌日、二つになっていた。


口内炎が仲間を呼んだ。

このまま群生されては困窮《こんきゅう》を極める。通るもの全てが口内炎の群衆とハイタッチを交わし食道を通過する事を思うと、夜も眠れぬ思いである。

それからというもの、多少なりとも口内炎の主張を聞き入れ、喉越しの良いものを摂取するよう心がけた。

その際に、友人が「何か欲しいものがあれば玄関にぶら下げておく」と言ってくれたので、有難く「喉越しが良いもの」をお願いしたところ、ビールがぶら下げられていた。

喉越しの解釈違いである。

飲もうものなら、二酸化炭素の集中発泡が私の喉に襲いかかる。

友人が本気で口内炎諸共《もろとも》、私を退治しようとしている。


久々の大きな体調不良ではあったが、猫達も猫なりに看病してくれた。

いつもは一階へ行き日向ぼっこに勤《いそ》しむ時間であるというのに、うにもぺるも常に近くに身を置き、静かに私の傍《そば》に腰を下ろしている。

うには気遣いが非常に上手く、こちらに体重がかかり負荷を与えぬよう寄り添ってくれていた。

一方ぺるは、ダイレクトに喉に尻を乗せた。

尻で口内炎を制圧しようとしてくれているのだろうか。

しかし、口内炎が制圧される頃には、恐らく私の呼吸も制圧されている。

一瞬ビールを送りつけた友人の刺客かと思った。


その後、平熱に落ち着いたが、感染の可能性があるので自室に籠った。

そして、ぺるに文字通り物理的に背中を押されながら、現在この原稿を書いている。

活力が戻ってきた事を確認すると、うにが始動し始め「一階へ行き、共に庭を眺めよう」

というお誘いが始まった。

見たいのは山々《やまやま》であるが、今降りたら両親へのバイオテロである。

心苦しくもお断りすると、しばらく一階を堪能した後《のち》、部屋に戻ってきた。

そして、何故来なかったのかと不満げな声を上げた。

ぺるは私の枕を以前にも増して正しく使用するようになり、私は所有権を奪われている。

猫達の為《ため》にも尻カスタネットは封印し、早く隔離期間を終えたいものであった。

ちらりとカスタネットのほうに視線を向けると、ぺるがカスタネットを右手でどついていた。

外から不審な声に呼ばれた話

子供の頃、夜に一人と犬一匹で、リビングで映画を観ながら家族の帰宅を待っていた。

テレビを消し、もう寝ようかと立ち上がった瞬間、窓のすぐ近くから

「おぅい」

と、呻《うめ》くように呼ぶ男の声が聞こえた。

変質者が多い地域に住んでいるとはいえ、敷地内にまで侵入するのは新しいパターンであったので流石に全身から汗が滲《にじ》み出た。

一旦落ち着こうと、現実逃避も兼ねてＲＰＧの勇者ならばデフォルトが不法侵入である為《ため》不問であるとファンタジーに思いを馳せた。

しかし、人の家の横で呻《うめ》く勇者など、もはやモンスターの類《たぐ》いであると気がつき、何の落ち着きも得られなかった。

犬がいると知れば去ると思い、横になっている愛犬の肩を軽く叩くと
「ええ……?またですか……?」

というような眼差《まなざ》しを向け、立ったかと思えば背中を向けて再び寝る態勢に入った。

呼びかけても尻尾でしか返事をしない。

先程ゾンビ映画を見る際に、無理を言って隣に来てもらった事が裏目に出てしまったようであった。


窓越しに変質者との孤独な戦いが始まった。

霊か変質者ならば、灯りを点ければ消えるだろうと考え行動に移したが、一旦止んだもののすぐさま男は再び声を発し始めた。

当てが外れ焦った私は、できれば自主的に成仏か出頭願いたいという気持ちから必死にスイッチを連打した為《ため》、己の心境とは裏腹に部屋はご機嫌なディスコ会場のようになっていた。

変質者のバイブスを高めかねぬ愚行となった。

最悪、犬だけでも逃がした時に家に帰れるよう、電話番号が明記してあるリードを装着させた。

変質者が入り込んできた際の準備を進めていると、動く度《たび》に犬の目が自分を追っている事に気がついた。

リードを付けた事により犬が散歩へ行く気になってしまった。

非常に心苦しくはあるが事態が事態な為《ため》、眼差《まなざ》しに気がつかぬふりをし、110と入力した子機を持ち、変質者に顔を見られぬよう目出し帽を被《かぶ》り武器を持った。

今思えばどちらが不審者か分からぬ佇まいであった。

このタイミングで家族が帰宅すれば、侵入前の窓辺に潜む不審者と、侵入に成功した不審者がダブルブッキングした現場と化す。

本来ならば勘違いであろうが何であろうが、直ちに警察に連絡すべきであるが、その時の私は間違いであっては大変だと躊躇《ちゅうちょ》してしまい、カーテンの向こうを確認する事に専念してしまった。

意を決しカーテンを開けると、そこには背の高い男が笑みを浮かべ、窓に手を当て立っていた。

と、いうような情景を想像していたが、そこには巨大なキジトラの猫が佇んでいた。

目出し帽を被《かぶ》り木刀と子機を持つ人間とキジトラの猫が、窓越しに見つめ合っている。

もし此処《ここ》に第三者がいれば、私が唸《うな》り声《ごえ》の発生源に見えた事だろう。

変質者が死角にいる事を懸念し、猫には安全な場所へ移動してもらいたく、犬に窓辺に来て頂こうと協力を要請した。

しかし、犬は頑《かたく》なに動く気配がなかった。

いつまでも散歩が始まらぬ事に臍《へそ》を曲げたようであった。

仕方がなく犬の代わりに吠えたが、演技力皆無の覆面が「をっをっ」と奇声を上げ、尚且《なおか》つ二回しか発していないのに咽《む》せ、激しく苦しみだすという狂った絵面となった。

もはや民家の横で呻《うめ》く勇者と同じ類《たぐ》いである。

私が犬ならば、この様な飼い主に軽く絶望を覚えた事だろう。

猫は逃げるどころか台所に落ちているもやしを見るような眼差《まなざ》しでこちらを見ている。

すると、再び男の声がした。

視線を向けると、猫の口から男の声が発せられていた。

正直、若干そのような気はしていたが、如実《にょじつ》となるとやはり力の抜けるものであった。

眠気も覚めてしまったので宿題に取りかかる事にしたが、猫は尚も「おうぅい」と語りかけてきた。

更に、時折ネイティブな発音で

「おい」

と、短く呼ぶので思わず

「あ、はい」

と、返事をしそうになり、非常に集中力を欠かれた。

部屋の入り口にはこちらを恨めしそうに見つめる犬がおり、宿題はオヤジボイスの猫の呼びかけにより難航し、時間だけが徒《いたずら》に過ぎていった。

今回の件で、私は演技力がない割《わり》には犬の鳴き真似は上手いのではないだろうかと思い、その後に姉の前で披露したが

「小出しに驚くオッサンみたい」

と、言い放たれた。

小出しに驚くオッサンが器用すぎる事と、そもそも何者であるのかはこの際置いておくとして、酷い言われようである。

姉の部屋が一階ならば窓の外から「をっをっ」と吠えてやろうかと思った。

―― 外から不審な声に呼ばれた話 ――

猫の異変に気がつけなかった話

子供の頃、猫を飼う事ができず、代わりに頭頂部に付けるタイプの部分カツラを猫として可愛がっていた。

一人暮らしをしていた時に、ふと思い出し当時を懐かしみ発明好きの友人に話したところ、再現したものを更に動くように改良し、誕生日に渡してくれた。

しかし、当時に比べカツラの技術が向上していた為《ため》に、生え際のリアルな毛の化け物がカタツムリ程のスピードで部屋を這《は》いずり回る恐怖展開となった。

カツラ業界と友人の技術が融合した結果、生え際の化け物と恐怖が生まれた。

その後、室内を散歩させるなどして生え際との生活を楽しんでいたところ、大家が訪問し

「猫とか飼ってますか？」

と、訊《たず》ねてきた。

部分カツラによって、ペットを飼っているという誤解が生じてしまった。

猫はいないが、床を這《は》いずり回る生え際ならばいる。

証明すべく奥の部屋に上がって頂こうとしたところ、大家の目に玄関の虫籠に入っている生え際が映った。


大家は一瞬にして真顔になった。

猫が飼えないので代わりに可愛がっていると伝え、よく見えるように虫籠ごと渡そうとしたが、大家は頑《かたく》なに受け取らなかった。


「何の生き物ですか……？」

と、生え際に生命が宿っている誤解が生じたので、カツラであると訂正したが
「部分カツラです」

「ブブンカズラ……？」

と、誤解も解けぬうえに、新たな生物学名が生み出された。


時間は要したが、説明を重ね大家の誤解は解けた。

しかし、今度は「自分の管理するアパートに部分カツラを飼っている住人がいる」という先程とは別ジャンルの不気味さが漂い始めた。

大家がブブンカズラに向ける目と同じ目で私を見ている。

私は少しでもこの雰囲気を和ませようと、ブブンカズラの毛をかき分けスイッチを押し作動させた。

しかし、調子が悪いのか動かずモーター音だけが重々しく響き、ブブンカズラの呻《うめ》き声が部屋に充満した。

和ませるどころか追い討ちとなった。

大家はもう帰りたそうである。

すると、奥の部屋から何かが壁にぶつかりながら爆速で私と大家の前を横切った。

本日、友人が持ってきた二匹目のブブンカズラであった。

移動速度を改良した結果、ブブンカズラは凄まじいスピードを手に入れていた。

遊びに来ていた発明好きの友人が私が戻るのを待ちきれず、調節の後《のち》に軽い気持ちでスイッチを押した事が大家の更なる不幸の始まりである。

二匹目のブブンカズラは、玄関扉に体当たりし続けバウンドしている。

前方の呻《うめ》くブブンカズラと、後方の爆速のブブンカズラに挟まれ、大家の退路は閉ざされた。

それから大家が事前連絡なしに現れる事はなくなった。
その後も、ブブンカズラは友人のもとで進化を遂げている。

動物病院で診察を拒否された話

人より猫が好きな、地域の猫達の世話をしているオヤジが腰を痛めた。

野良猫を保護したがノミがいる可能性が高い為《ため》、病院へ連れて行ってほしいと連絡が入った。

オヤジの家へ行く際に丁度動物病院を通るので、どのように連れて行けば良いかの判断を病院側に仰いでから行く事にした。

オヤジ曰《いわ》く、名前を言えばすぐに伝わるとの事なので、安心して受付の看護師に伝えたところ、オヤジの名前を出し損ねたうえに猫の名が〝チチ〟であった為《ため》に

「チチにノミが湧《わ》きまして……」

と、私の父にノミが湧《わ》いたようになった。

受付の看護師の笑顔が止まった。

奇しくも、新しく入ったばかりの者であった。

看護師は聞き間違いだと思い、もう一度述べるように要求したが
「父にノミが湧《わ》いているので連れて来たいのですが、注意する事はありますか?」

と、どこぞのオヤジにノミが湧《わ》いたという情報に更新はみられず混乱は深まった。

注意する事があるとすれば、ノミの湧《わ》いたオヤジなど連れて来るのはご遠慮頂きたい事である。

私が看護師ならば間違いなくそう思っている。

何故、コイツはそんな気の毒なオヤジを動物病院へ連れ込もうとしているのかと、看護師は理解に苦しんだ。

看護師が混乱し言葉を探している間《あいだ》、私はまだ医者に診せた訳でもないのに素人の自己判断でノミがいると決めつけてしまっている事に気がついた。

ノミがいるかもしれぬと思うに至《いた》った猫の症状を説明したが
「寝ながら耳を掻いたりしてます」

と、風呂上がりにテレビの前に横たわり耳掃除しているオヤジの解像度が上がっただけであった。

更には
「頻繁に身体を掻いたり舐めたりしている」

という情報まで付け加えた為《ため》、いよいよ薄気味悪いオヤジが誕生した。

もはやオヤジしか頭に無かった受付の看護師によって
「人間はちょっと……」

と、不気味なオヤジの入店が拒否された。

私の方は、私にノミが湧《わ》いていると勘違いが生じたのかと思い
「自分にはノミは湧《わ》いてません」

と、看護師を安心させる事に努めた。

お前に湧《わ》いていなくても、お前のオヤジに湧《わ》いているのならばオヤジは駄目である、と思った事だろう。

しかし、以前も此処《ここ》で対応してもらった旨を伝えると、看護師の笑顔は再び止まった。

この院ではオヤジに湧《わ》いたノミにまでも幅広く対応しているのかと「動物病院」の概念について思考を巡らせたと、後《のち》に看護師は語った。

しかし、何かが決定的にズレていると互いに真実に近づいてはいた。

受付の看護師が、「確認してまいります」と言い奥へ入ると、いつもの看護師が既に何かに耐えながら現れた。

「ごめんなさい。今、電話がありまして……。高橋さんの家の猫の『チチ』ちゃんで、お間違いないですね？」

と、ようやくノミの湧《わ》いた不気味なオヤジの呪縛が解かれた。

奥で先程の看護師の呼吸が、呪縛の後遺症により阻害されているのが窺《うかが》えた。

獣医師に話が伝わってない事を祈ったが、後《のち》にチチを預ける際に既に涙目であったので、私の祈りは天に届かなかったようである。

帰りに、動物病院から出たところで近所の少年と遭遇し、我が家の猫の具合いが悪いのかと心配してくれたが

「うちの猫じゃなくて、チチを預けてきた」

と言い放った為《ため》に、院外でもうちの父が動物病院に預けられたという誤解が発生した。

少年のご家庭に、我が家に対する別の心配が新たに生じた事は言うまでもない。

タンブルウィード

猫好きの友人が、猫を見たいと我が家に訪れた。

友人はアパート暮らしの為《ため》に猫と生活ができぬ故《ゆえ》、常に猫成分が枯渇《こかつ》しているようであった。

しかし、友人の期待とは裏腹に、一向にうにとぺるはその姿を見せなかった。

そのうち通りかかるだろうと思い、開いている襖《ふすま》から廊下を見ていると、西部劇でよく転がっている草の塊に酷似したものが視界を横切っていった。

うにとぺるであった。

声も出さずに取っ組み合い、猫団子と化して転がっていった。

猫を見たいという友人の願いは叶った。

しかし、友人は猫を識別できず
「今の何？」

と、疑問を投げかけた。

「猫です」

と、お答えしたが納得は得られなかった。


その後、幾度《いくど》かうにとぺるは同じ状態で部屋を横切った。

友人は猫を見たいと我が家に来たというのに、先程から廊下を転がるタンブルウィードしか目にしていない。

かといって、無理に連れて来る事はしたくなく、友人もそれは望んでいないので、我々は待つ他なかった。

半ば諦め、猫のふわふわは許されるのに、体毛の濃い人間のふわふわが許されぬのは何故なのかと、私のすね毛について議論していると、ぺるの鳴き声がした。


ついに現れたかと友人と共に顔を上げると、四つ足のタオルのオバケが佇んでいた。

ぺるらしき何かが来た。

お気に入りのブランケットが被《かぶ》さった状態で現れ、足しか見えていなかった。

何がどうなってこうなったかは不明である。

タオルを取ると、ぺるは「あばよ！」と走り去っていった。

あまりに一瞬であった為《ため》、友人の視角からは布の中身を消すマジックが披露されただけであった。

後日、友人から
「タンブルウィード以外の猫が見たい」

と、頼まれた。

一番最初に出てきた写真を適当に見せたが、写真に写るうには頭を下げ背を向けて机に座《ざ》していた為《ため》、毛の生えた卵のようにしか見えなかった。

友人は、再び猫を識別できなかった。

うにとぺるの兄弟愛と鬱憤《うっぷん》

うにとぺるは、当初は頻繁に殴りあっていた。

肉球で語り合った末に友情が芽生え、今や兄弟のように大変仲がよろしい。

そもそもぺるは、野良生活をしていた頃より既に網戸越しにうにに語りかけ、親愛の情を示していた。

我が家に通うようになると、油断しているところに唐突に小型のイエティのようなフォルムが曇りガラスに浮かんでいたので、当時はうにも私も何者かと心臓に負荷のかかる思いをした。

うには警戒はしつつも威嚇する事はなく、網戸越しに会話に付き合ってみたり、共に景色を眺めたりしていた。

ぺるが我が家に本格的に加入した際も、うにから取っ組み合いを仕掛ける事はなく、ぺるの方が遊んでほしくてちょっかいを出すという感じであった。

その遊びの中にも、我々には分からぬこの家での上下関係のむにゃむにゃがあったのかもしれぬが、互いに怪我もする事なく現在に至《いた》っている。


そうして育まれた肉球の絆は固い。

薬を飲む事に慣れてきたが、まだ抵抗が残るぺるに服薬の時間だと伝えると、うにの隣に寝そべり寝たふりでやり過ごそうとしていた。

しかし、薄目を開け、こちらを窺《うかが》っている事を私は知っている。

一体どこでそのような回避法を覚えたのかと不思議に思ったが、思い返せばうにが昔気分が乗らぬ際にやっていたものと同一の手口であった。

うにがこっそり伝授した模様。

錠剤を片手に再度声をかけ近寄ると、うにがぺるを抱き寄せ、ぺるを渡してくれなかった。

素晴らしい兄弟愛は勿論《もちろん》尊重されて然《しか》るべきであるが、製薬会社の努力もまた尊重されて然《しか》るべきである。

愛は治療を施《ほどこ》す中の隠し味程度《ていど》にするべきであろう。愛単体で病の完治は困難である。

誠心誠意その旨を伝えたところ、うには説得に応じ、油断しきったぺるが引き渡された。

「寝てる猫に何て事するんですか」という顔をするぺるの口内に薬は吸い込まれていった。

一方うには薬をスムーズに飲んでくれるが、ぺるはかつて自分が凄まじく薬を飲む事が嫌であったので、うにもそうであろうと思っている節がある。

うにとぺるが揃って横たわりくつろいでいた際、うにに薬の声かけをしたところ、ぺるは自身の足でそっとうにの口元を隠した。

手ではなく足というところが若干気にかかるものの、うにも飲まなくて良いのならば飲みたくはないので、甘んじて隠されていた。

ぺるは説得に応じなかったので、その日は薬を与えるのが少々遅れた。

この様に両者は大変仲睦まじい。

しかし、ぺるのうにに対する親愛が暴走する場面が多々あり、うにはよく面倒くさそうな顔をしている。

ぺるは末っ子の愛らしさと特性を凝縮したような猫である為《ため》、東にうにと私が隣り合って座っていれば僅《わず》かなスペースに身体をねじ込ませ真ん中に鎮座《ちんざ》し、西にうにが寝っ転がっていれば「毛づくろいしてくれ」と、うにの目前でひっくり返り甘え倒す、猫にも人にも愛されたい、そんな猫である。

後から来たぺるに対し、寛大さを見せた元ボス猫のうにが大好きであり、うにがブラッシングを受け喉を鳴らせば、何故だか自分も嬉しくなり隣で喉を鳴らしている。

うにの後をついて回る事も多い。

見ているこちらは大変微笑ましいが、うにからすれば鬱陶しい事もある。

人間で恐縮であるが、せめて私はうにに対し頼れる存在であろうと努めている。

しかし、思い返せば、朝も弱ければ自分に甘く、少し気分が落ちれば絶命した虫のポーズで手足を打ち鳴らしてみたり、何か特技が欲しいと思い立てば尻でカスタネットを奏でる事に明け暮れてみたりと碌《ろく》でもないので、「頼れる存在」となっているかうにに訊《たず》ねれば難色を示す事だろう。


しかし、そんな頼りがいのある優しきうにであるが、決してぺるに甘い訳ではない。

うにが二階で日向ぼっこに勤《いそ》しんでいると、何者かによって日差しが遮《さえぎ》られた。

ぺるである。

日差しの代わりにうにに熱視線を注《そそ》ぎ、遊んでくれと要求している。

うには眠たいので無視を貫《つらぬ》いたが、ぺるはそれに屈する事なく熱視線に加え、手でうにをちょいちょいと突《つつ》き始めた。

あまりにしつこかったのか、うには起き上がり階段の方へと歩みを進めると、ぺるは自分も行くと慌てて階段を下りて行った。

それを見届けると、うには階段を下りず戻ってきた。

策士である。

ぺるが少々チョロイ事もあるが、うにはよくこのフェイントでぺるを撒《ま》いている。

数分後、ぺるはうにがいない事に気がつき、再び一階からこちらへ戻ってきた。

ついでに父にブラッシングされたらしく毛並みが整っている。

うにが机でくつろいでいるのを発見し自分もと飛び乗ったが、ぺるは足を滑らせ、手だけで落ちぬよう机の端にぶら下がった。

アクション映画のビルから落ちそうになる一触即発のシーンに酷似していた。

そんなぺるの手にうには自分の手を乗せ、にじにじと机から外していった。

映画の悪役の所業であった。

日頃のぺるによる鬱憤《うっぷん》は、ぺるに小出しに返されている様であった。

ぺるはゆっくり落ちていった。

うにとぺるの兄弟愛と鬱憤

文明の力と猫

ぺるは常にキーボードを狙っている。

作業中、ＰＣの横で猫の置物に擬態し、こちらの隙をついてそっとキーボードに手を伸ばすのが日課である。

ある日、ぺるがこちらをガン見しながらキーボードを長押ししていた。

思わず見つめ合ってしまったが、万が一に懸命に集めた文字達が画面から全て離散しようものならば、もう酒でも飲んで外に飛び出し踊るしかない。

奇跡的に世に出た前作二作が、「自暴自棄になり、踊り狂った不審者が書いた本です」という不名誉な紹介がされかねぬので、早急にぺるを抱きかかえ画面を確認したところ
「¥¥¥¥¥¥¥¥¥¥¥¥¥¥¥¥¥¥¥¥」

と、入力されていた。

猫から恐喝を受けている。

更に最近はキーボード入力を阻止すると、ノートPCの裏に回り画面に甘えるふりをしてゆっくりと蓋を閉めてくるようになった。

遂に実力行使に出てきたようである。

どうにも作業が進まぬので膝に乗せたところ、最初こそ似たようなポージングで座り膝上に静かに収まってくれるが、一分も経《た》たずして身を乗り出し手が伸ばされ、PCで仕事をするデキる猫が演出された。

通りかかった母が

「ぺる、お仕事してるの？偉いねえ」

などと猫撫で声で言い去っていったが、ぺるが入力しているのは「¥」である為《ため》、これが仕事であったら反社会勢力側の猫である。

一方、うには深夜にPCを開《ひら》かぬ限りは、PCの前に立つ事はしない。

大抵は私の背に寄り添うか、PCの横でウトウトしながら終わるのを待っている。

その際、席を立つと後をついてきて「撫でてくれ」と可愛らしく要求をする。

あまりに良い子なので思わず撫でると、私の両足の甲の上にもちりと横たわり動かなくなった。

一度席から離れ、撫でたら最後である。私は移動手段を失った。

ぺるがキーボードの上で踊っているのが見える。


幸いにもデータは保存済みであったが、何ともいえぬ心持ちで私はうにを撫でながらタップダンスを見つめた。

ぺるは随分ご機嫌である。

どなたか、あの猫を止めてほしい。

うにが本腰を入れて撫でられる体勢に入った。


約十五分後、うには満足げに立ち上がり、ようやく足が解放された。

画面を見れば、全てのキーが惜しみなく押されたかのように英数字や謎の記号が約三ページに渡り綴《つづ》られていた。


このまま提出しては駄目だろうか。

一ページずつ確認すると、最後のページに
「ｐｏｐ」

と入力されていた。

確かにＰＯＰに踊っていた。

ぺるからの報復の恐れがある為《ため》、作業を一時中断し、うにとぺるを撫でる事にした。

ぺるは膝に乗り、うには脇の下から顔を出し、そんな二匹をもちもちと撫でさすっていると、気がつけば三〇分が経過していた。

驚きの時間吸収力である。

そして、すっかり足は痺れている。

尿意を催したので移動しようとしたが、まともに立てる状態ではなく、地を這《は》い移動する事となった。


立てばうに、座ればぺる、歩く姿は瀕死状態である。

とはいえ、どんなに作業が停止しようとも、何かが満たされていく思いである。


しかし、罠が待っていた。

このようにして猫達による多角度からの攻め手も何のその、私はようやく本原稿をほぼ書き上げる事に成功し、残すところあと数ページとなった。

己の歩んだ道をＰＣ画面で振り返ったところ、不審なページがいくつか発見された。

古代書物の如く隙間なく羅列された文字のページである。


お分かり頂けたであろうか、ぺるによる執筆が秘密裏に行《おこな》われていた事を。

前述した「￥」や「ＰＯＰ」などは全てコピーし、別ファイルに保存した後《のち》に原稿から除《の》けており、本書においてぺるは筆をおいたかに思われた。

しかし、こちらの目を掻《か》い潜《くぐ》り執筆は続いていた。

おおよそ十ページにも渡る、猫界における超大作である。

やはり、いっそこのまま出しちまおうかと思われたが、そこかしこに「￥」や「殴打」など、その他不穏なワードがちりばめられている為《ため》それもままならず、ぺるが金銭に関する要求と、要求が通らなかった際にはどのような事が身に起こるかを匂わせている。

最後の方に「しゅっけ」という文字がある事から察するに、ぺるが出家する思いで悔い改めたのだろうかと思われたが

「金銭をよこせ。できぬのならば、いっそ俗世から遠のき出家せよ」

という可能性も捨てきれず、このようなメッセージでない事を祈っている。

私は出家は断固拒否する構えである。かといって代わりにぺるが猫坊主になっても困るので、とりあえずブラッシングを入念に行《おこな》い、いつもより多めに撫でてみたりなどしたところ、思い直して頂けたようである。

ぺるはこの好待遇に、うにも自分に同じようにしてくれるであろうと踏んだのか、うにのもとへ駆け寄り「毛づくろいしてくれ」と頻繁に要求していた。

うにも顎や頭などを舐めてやっていたが、要求が少々しつこかったのか、途中でぺるの額の真ん中を肉球で叩いた。
好待遇終了の音がした。

ぺるとうにには、煩悩は捨て去らずにいてほしいところである。
しかし、出家は免れたものの、変わらないものが此処《ここ》にある。
原稿である。
私は踊った。
尻にカスタネットも挟んだ。
うにとぺるを抱き上げ丁寧に捏《こ》ねあげ、その礼に毛づくろいもして頂いた。
達成感はあったが、原稿は一文字も進んでいなかった。

POP

ここまで読んでくださった皆様の中に生じているかもしれぬ疑問についての話

まず初めに、本書を手に取り、此処《こ こ》まで読んでくださっている方々に深く感謝を申し上げる。

そして、此処《こ こ》まで読まれるに至《いた》り、恐らく現れるであろう
「猫エッセイだと思っていたのに、ところどころに散らばる不審者の話は何だ」

「特にブブンカズラとは何だ」

と、ご不満を覚える同志には謝罪申し上げる。

文章中に「猫」の文字が入るものは全て詰め込んだ次第である。

しかしながら、これには我が家の猫だけでなく、私と一瞬でも関わった猫達も私にとっては重要な存在である為《ため》に「猫の話の本」となれば無視できぬ存在なのである。

などと、それらしい理由を書いてはいるが、

「だから、ブブンカズラは何なのだ」

「猫ですらない。疑似頭髪である」

と、柔らかい所に鋭い着眼点を突き刺す方もいらっしゃる事とお見受けする。

確かに物質的には猫ですらない。

しかし、当時の私からすれば、ブブンカズラは猫である。

猫という概念の部分カツラ、それがブブンカズラである。

因みに初代ブブンカズラの名は「ネコスケ」である。
小学生の頃、私は猫が飼えず、代わりに猫（概念）を可愛がるあまり学校に連れて行きたくなった。漫画などでよくある
「あ、ネコスケ。ついてきちゃ駄目だって言っただろ」
という、定番のセリフを吐いてみたいお年頃であった。

しかし、「学校に関係のないものを持ってきてはいけない」という掟《おきて》を破ったその犯行が見逃される訳もなく、隣のクラスの女子グループのボスに見つかった。

何故隣のクラスからわざわざ現れたのかは今も謎であるが、私が用を足しに行っている間《あいだ》に、机を漁り証拠を押収しようとしていた。

クラスの友人達や、真面目な生徒橋本君が
「やめときなよ、多分碌《ろく》な事にならないよ」

と、制止するも、ボスによって私の机の道具箱は開《ひら》かれた。

その瞬間、ボスの目に人間の頭髪が映った。

ぬいぐるみやゲームかと思ったら、事件性が高そうなものが出てきてしまった。

反射的に道具箱を机に押し込むと同時に、ボスを筆頭に教室に悲鳴が飛び交った。

その時、私は付近の廊下におり、たまたま通りかかった教師にヒゲダンスを披露していた。

悲鳴を耳にし、教師と共に教室に入ると、ボスはパニックにより泣き出していた。

何事かと教師が訊《たず》ね、ボスの取り巻きの生徒が説明しようとしていたが、パニックのあまり状況説明が途切れ途切れとなり
「やーこさんが！ばけもの！」

と、何となく罵倒された。

状況を察し、机に原因があると悟った教師が道具箱を開けると、再び猫（概念）が脚光を浴びた。

教師も悲鳴を上げげた。

私は職員室に連れられ、尋問される事となった。

「何故カツラを隠し持ってきたんだ」

という、小学生に対する事情聴取らしからぬ切り口から始まった。

「猫の代わりに飼ってます」

と伝えると、教師は一瞬停止した。

名前はネコスケという事、数日前に外で保護し、綺麗に洗い、それから共に生活している事などを語った。

私の中では母に内緒の秘密の友達であり、箱の中にタオルを敷き詰めベッドを作り、時折お話ししながら撫でたりブラッシングしたりする笑顔溢れる穏やかな生活であったが、教師からすれば段ボールにカツラを隠し持ち、時折譫言《うわごと》を呟きながら櫛《くし》で撫でとかし薄ら笑いを浮かべる不気味な光景が脳裏に広がった。

教師は、何処《どこ》かにカツラを失っている不幸なオヤジがいるかもしれぬ事を気の毒に思ったのだろう。なるべく私という生徒にも寄り添い「カツラも持ち主のおじさんの家に返してあげないと、寂しいと思うよ」と説得しようとした。

しかし

「カツラもおじさんの寂しい頭に返してあげないと、家だと思うよ……」

と、話の方向性は合っているが、何かが決定的に違う発言となった。

教師も頭皮が直射日光を受けるタイプであった為《ため》に、妙な説得力が漂った。

他の教師が
「先生、駄目です。それは何か違います」

と、声を震わせながら口をはさんだ。

教師の名誉の為《ため》に誤解なきよう記しておくが、決して頭頂部に髪が無いものを揶揄《やゆ》する意はない。

とりあえず、カツラは教師が交番に届ける事になった。

私は持ち主が現れる可能性は低いと予測し、その場合は所有権が欲しいと警官に主張するよう教師に頼んだ。

交番で教師がその旨を伝えた際の雰囲気を思うと、申し訳のない思いである。

その後、持ち主は見つかりお礼の電話が来たらしいが、拾得者《しゅうとくしゃ》が猫として可愛がっていた事は伏せられた。


突然の別れとなり、箱のベッドを見ると寂しさが私を包んだ。

猫（概念）はもういない。

しかし、本来あるべき姿と場所へ戻ったのならば、それが幸せである。

しばらくは母の付け毛などを撫でたりもしてみたが気味悪がられ、付け毛との接触はやんわりと禁止された。

……また猫と関係のない事を書いていると思った方、関係なくないのである。

あのカツラは確かにネコスケであった。

一部生徒にトラウマを植え付け去っていった私の大切な友である。

あのブラッシング技術が現在、愛猫うにとぺるに活かされている。

DMに返信したら大変な事になった話

DMにて、突然知らぬ者から無言で猫の画像が送りつけられてきたので、とりあえず私も秘蔵の猫フォルダから猫画像を送り返した。

それからというもの、言葉を交わす事もなく互いに猫画像を送りつけ合う日々が続いた。

ある日、相手から間髪容《い》れずに連続で大量の猫画像が送られてきた。

こちらも応戦し必死に送り返していたところ、猫画像に挟まれていた笑顔のインドのおっさんを送ってしまった。

それ以来、オヤジの画像が飛び交うDMになってしまった。

しばらくは、こちらも応戦していたが、ある日ふとこのままではオヤジが飽和し、スマホの容量が見ず知らずのオヤジ達に圧迫されていく一方であると悟った。

誰も幸せにならぬ為《ため》、このオヤジの擦《なす》り付け合いにピリオドを打つべく猫画像を送ってみたが、急な路線変更は許されぬのかオヤジが返ってきた。

いきなりはよろしくなかったのかと試しに猫耳のオヤジを送りつけたところ、相手からも猫耳メイドのオヤジが送られてきた。

私は徐々に猫成分を高めていく作戦に移行した。

ジェネリック猫オヤジを経て世界的に有名なミュージカル「キャッツ」の映画作品までいけば、人間と猫の狭間のＣＧを経て猫路線に戻れるかと思っていたが、生身の方のキャッツに差しかかったあたりで、突然芸人の「猫ひ〇し」が投入された事により猫成分が急激に薄まった。

いまだにオヤジが飽和状態である。

そろそろ流れを猫画像に戻して頂きたい。

台風と猫

うにとぺるが我が家の一員になるより前、台風が到来した。

自宅にて、暴風により木々が横なぎに煽られている様を窓越しに眺めていると、右から見覚えのある猫がこちらを見つめ、座った状態のままゆっくりと風にスライドされてきた。

近所のオヤジが飼っている猫、ゴロムシである。
ゴロムシが風に煽られている。
幻かと思い、思わず見つめ合ってしまった。

ベランダの床が昨日の雨水で滑るのであろうか、ゴロムシは達観した顔で尚もスライドされてゆくので慌てて窓を開け保護した。

体勢を変えては飛ばされると判断したのか、そのままの姿勢でゴロムシは抱き抱えられた。それは小さめの地蔵を持ち上げる感覚に似ていた。

窓を閉め振り返ると、ゴロムシは先程まで酒のつまみが入っていた小皿を前に静かに座っていた。近所の小学生達にゴロムシが「地蔵」と呼ばれている理由が何となく分かった。

とりあえず、バチが当たる事のないよう水をお供えした。

さぞかし飼い主のオヤジは心配している事であろうと、すぐにでもお探しの地蔵が我が家に鎮座《ちんざ》している事をお伝えしたいところであったが、電話番号など知らぬので直接お伺いする事にした。

外に出ると、暴風は更に威力を増していた。

ゴロムシの家の近くに着くと、オヤジが庭先で探しているのか塀の向こうから必死にゴロムシの名を呼んでいる声が聞こえた。

門の方から声をかけたり、インターホンを押してみたりなどしたが、私の声は暴風とオヤジの声にかき消され届かなかった。

仕方がないので塀越しにオヤジの近くに寄り再度声をかけたが、それでもなかなか気がつかぬので、塀に手を置き懸垂するかのように顔を出し、オヤジへの存在のアピールに努めた。

しかし、時を同じくしてオヤジも呼ばれている声に気がついたのか、同じように塀から顔を覗かせた。

オヤジは塀の反対側から覗く、濡れ髪が顔中に張り付いている不気味な近隣住民と至近距離で面会を果たした。

暴風で洗髪した髪も乾くであろうと効率を求めた結果、沼から這《は》い上り人里に疫病でも振りまきそうな見た目となってしまった。

オヤジはその日、人間は瞬間的に恐怖を感じると、本当に「ひっ」という声が喉から発せられる事を知った。


こちらもまさか覗くと同時にオヤジの顔が塀から生えてくるとは思わず、その心中は混乱に満ちていた。

叫び出しそうになったが、暴風の日に壁に張り付き奇声を発する様はさぞかし不穏であろうと、僅《わず》か数秒の間《ま》に己を客観視する事に成功し、出かかった叫びは無事に私の喉の底へと飲み込まれていった。

しかし、それに全神経が注《そそ》がれた為《ため》に、肝心の「この家の猫が台風に乗じて我が家に流されてきた」件については配慮が手薄となり
「この家は台風で流される」

と、不吉な予言のようになった。

「この家の」の後に「猫」が抜けたうえに何だか言い切ってしまった。

暴風の日に湿った不審者からはあまり聞きたくない言葉であった。

しかも、民家の塀にへばりつき、目が合うと不安を煽るような事を言ってくるという、不審者の中でも妙に精神的にくる類《たぐ》いである。


見なかった事にしようと努めたのか、オヤジの顔は静かに塀の向こうへと沈んでいった。

私は慌ててゴロムシの名を出すと、再びオヤジの顔が生えてきた。

「誰?」

と、訊かれたので答えたが、私の中で会話の焦点が猫に合ってい為《ため》に
「ゴロムシです」

と、「あの時、助けて頂いたゴロムシです」のような展開となった。

美女ではなく半壊したマリモを擬人化したような風貌である為《ため》、恐らく家の扉が開《ひら》かれる事はない。どちらかと言えば、ごんぎつねに近い結末を迎えるであろう。

しかし、ようやく会話まで漕ぎつけたこのチャンスを逃す訳にはいかない。
何とかゴロムシが我が家にいる事を伝えたが
「お宅の猫は預かりました」
などと、身代金でも要求しそうな発言となった。

この会話の下手さが功を成したのか、オヤジはようやく私の正体に気がついた。

ゴロムシは無事オヤジに引き渡されたが、オヤジは色んな要素により寿命が縮まったという。

猫を保護した話

人より猫が好きなオヤジと共に、怪我をしている猫を保護する事となった。

しかし、やはり野生の猫は一筋縄ではいかなかった。

ヘンゼルとグレーテル方式で猫の好物を道しるべのように配置し、オヤジの家の中に誘い込もうとしたが、玄関前まではしっかり食べ、それより先は手を付けずに去っていった。

残された餌については、責任をもって近所の猫のゴロムシが食べていた。

自力の装備では無理だと判断し、ついに捕獲器が投入される事となった。

万が一、猫を長時間に渡り中に閉じ込めてしまっては怖がるであろう事と、目撃した近隣猫達からのオヤジの家の評判にも影響が及ぼされる為《ため》、必ず近くに待機し、かかった瞬間にすぐに向かえるようにした。

保護する猫が現れる時間帯にのみ設置し、猫が捕獲器の方向に向かうのを遠くから見守るを繰り返した為《ため》、時間は要したがついにかかったようであった。

オヤジと急いでその場へ向かうと、捕獲器の中に猫がいた。


ゴロムシであった。

特に出入口が閉まった事については気にせず、食事に勤《いそ》しんでいた。

ゴロムシはゴロムシの家へと強制送還された。

「どんなに保護しようとしても、ゴロムシばかりがかかる」

と、オヤジは頭を抱えた。


困ったと考えあぐねていたところ、発明好きの友人が開発した「寝ながら猫と遊べる器具」が目に留まった。

ドーナッツ型のクッションに、二十センチ程のバネの先に鈴を付けたものを等間隔に突き刺すように設置したものである。それを顔面に装着し使用するのである。

いまいちイメージの掴めぬ者は、人面の太陽のシンボルマークの周りに付いている突起物の先端に、鈴が付いている光景を想像して頂ければ大体合っている。

我が家でこの装置を装着した際は、ぺるは非常に食いついていたが、うには明らかに装置の完成度ではなく、装着した私の姿に引いていた。

この装置の欠点は、「寝たまま遊べる」というので頭が保護されるのかと思いきや、顎面を輪に入れる為《ため》に後頭部が疎かになっているところである。

仰向けに寝れば後頭部が床に直撃するので枕の要素はない。

更に手作りなので、厳重に点検が必要である事。

そして、装着した姿が非常に不気味な点である。

割《わり》と猫達には人気がある事が、また何だか腹の立つところである。


私はオヤジの家のインターホンを押した。

「これで猫を引き寄せる」

と、この作戦の成功に確信をもってお伝えした。

オヤジは
「どこの変態かと思った」

と、目前の太陽の化け物のような存在に、容赦のない言葉を浴びせた。

以後、装着した状態で近隣を歩く事は禁止された。


縁側で作戦を練ったが、その間オヤジの家の猫が頭の装置を狙い、私の肩に手を置き、執拗に鈴を鳴らしていた。

オヤジは鈴の音《ね》と、猫の心を鷲掴《わしづか》む不気味な装置に気を取られ、作戦どころではなかった。

仕方がないので頭から装置を外し再び作戦を練ったが、先程の猫が装置を咥え、引きずりながら奥の部屋へと消えていったので、やはりオヤジの集中力は削がれた。

作戦は猫が装置に気を取られている間に、オヤジが網で捕獲するといったものであった。

夕方に目標の猫が玄関前に現れるので玄関の扉を予《あらかじ》め開けておき、私は家の中で、オヤジは外で待機した。

数分後、ついに猫は現れた。

私は例の装置を装着した。

オヤジは薄暗い自分の家の中に、太陽の化け物が立つ姿がぼんやりと浮かぶ様を見た。

改めて見ると、自宅にあんなものがいるのは何か嫌だなと思ったという。

しかし、猫は思った以上の食いつきであった。

この不気味なものの何がこんなにも猫の興味を収集するのか、オヤジは理解に苦しんだ。

私は驚かさぬように中腰になり鈴を鳴らすと、猫が近づいてきた。

しかも有難い事に、玄関の中に入ってくれそうである。

私とオヤジは、作戦を「屋外での捕獲」から、「猫を玄関に入れ、扉を閉めた後《のち》の捕獲」へと変更する事にした。

オヤジが扉を閉めようと手を掛けた瞬間、オヤジの目には中腰で首を傾げるように顔を左右に揺らし鈴の音《ね》を響かせる私の姿が映った。

インドの化け物にいそうな動きと風貌であったという。

オヤジの防衛本能が警笛《けいてき》を鳴らした事により反射的に玄関の引き戸は閉められ、オヤジが外に取り残される事となった。


猫は入ったがオヤジが置き去りである。

私は狼狽え、とりあえず頭の鈴を鳴らした。

迂闊に扉を開ければ折角入った猫が飛び出す可能性があるので、オヤジを玄関から中に入れる事は不可能となった。


よって全ての部屋の襖《ふすま》を閉じた状態で猫には廊下で待機して頂く事にし、別の部屋の窓からオヤジを引き込む事にした。


オヤジは、オヤジの部屋の窓の前で待機していた。

カーテンを開けると既にそこにはオヤジが立っていたが、何故か近所のコミュニケーション力の塊のような中年女性も立っていた。

インドの化け物による被害が二倍となった。

いるならば一声《ひとこえ》かけてほしかった。

動物病院の診察時間は既に終了していたので、今日のところは玄関を閉め切り、予《あらかじ》め用意しておいたケージに猫を収め、翌日連れて行く事となった。

翌朝、インドの化け物を駆使し、何とか猫をキャリーバッグに収めるに至《いた》った。

オヤジは他の猫達の世話がある為《ため》、先に私が猫を連れ動物病院へ向かった。

診察台にて猫が心配そうにバッグの中で鳴くので、安心させる為《ため》に声をかけたが

「あなたの幸福は、今この瞬間から始まりますよ」

などと、怪しい宗教の勧誘のような文言しか出ず

「当院での猫への勧誘はやめてください」

と、獣医師による注意が入った。

怪我は他の動物によって噛まれた事により、足を痛めていたようであった。

うにと似たような怪我であったので、より他人事ではないように感じられた。

しかし、噛まれてから日が浅いうちに治療できた為《ため》、重症化は免れた。

診察の際に猫の注意を反らす必要があるかもしれぬと例の装置を持参したが、検査やノミ取りなども行《おこな》う為《ため》に入院となったので特に使わずに済んだ。

しかし、紙袋からはみ出る不穏な物体に獣医師が反応を示した。

何故か猫の興味を引くので保護の際に重宝した事を伝え袋から取り出すと、獣医師は非常に興味を持っていた。

「どうやって使うんですか？」

と、訊かれたので顔に装着すると伝えると、獣医師は「え？」と言葉を漏らした。

装着方法がシャワーキャップの河童スタイルだと誤解されたので、実際に装着し見せたところ
「うちでは、無理ですね……」

と、速攻で諦めていた。

しかし、看護師は乗り気であった。

病院で取り入れられれば、インドの化け物に飼い主と猫が囲まれる異様な光景となるのでオススメはしない。

因みに犬には不評な事が多い。

私は近所の犬に吠えられた。

友人オポポイの家の猫

友人オポポイの家に推定十八才の猫、「もんじろう」がいる。

もんじろうは、オポポイ家に私がお邪魔すると、ゆっくりと奥から現れ

「やあやあ、よく来たね」

と、でも言うように出迎えてくれる祖父母を彷彿とさせる猫である。

しばらくオポポイと話していると、もんじろうは玩具の猫じゃらしを咥えて再び現れた。

私とオポポイの間《あいだ》に置き

「まあ、これで仲良く遊びなさい」

「わたしは休まなあかんので奥にいきますけど、ゆっくりしてってな」

と、言うように去っていった。

猫が客人をもてなす話は多々聞いた事があり、その可愛らしさに悶《もだ》えていたものだが、実際に自分の身に起こると

「ああ、どうもお気遣い頂きまして……」

と、厳《おごそ》かに頭を下げる思いであった。

時《とき》たま

「お疲れでしょう？猫の頭でもお撫でなさい」

と、茶でも振舞うように撫でさせて頂ける事もあり、身に余る大変手厚いおもてなしを受けている。

しかし、一番衝撃的であったのは、もんじろうが雌《めす》であった事である。

家族の名から一文字ずつ取り、名づけられた結果「もんじろう」となったという。

羅列の順序に何か不備があったような気がしないでもないと、オポポイは語る。

しかし、友人の「オポポイ」というあだ名も大概であるので、バランスは保たれているように感じられた。

猫にも理由があるという話

薬を飲むのが得意な猫であっても、事情によっては嫌がるものである。

普段はすんなりと薬を飲むうにが、珍しく錠剤の気配を感じると部屋からゆっくりと出て行った。

ついでに関係のないぺるまで飛ぶように走り去った。

うには余程気乗りがしなかったのか姿を隠し、布団が剥がされ炬燵《こたつ》としてのアイデンティティを失った机下で発見された。

手を入れそのまま手前へスライドさせると、下に入っていた体勢そのままにうにが出てきた。

ぺるはそれを目にして、再び部屋の外へと飛び去っていった。

先程からぺるに至《いた》っては走り去る尻しか見ていない。

勿論《もちろん》、誰にでも気乗りしない日はある。

とはいえ薬となるると、なるべく飲んで頂きたいところであり、私は説得を試みる事にした。

しかし、やはり話は平行線であり、錠剤を持つ私の手に肉球を添え
「おやめなさい」

と、優しく窘《たしな》めた。

非常に紳士的であった。

では試しに、ほんの一粒だけと錠剤を近づけると
「やめたまえ！」

と、少々強めに肉球が添えられた。

これ以上、紳士を怒らせてはならない。
何かのっぴきならぬ事情があるのだろうと、しばらく見守っていると紳士の口から毛玉が
放出された。

毛玉後
「お待たせした」
と紳士は戻ってきたが、先程まで胃の中で毛玉が踊っていた事から察するに、恐らく胃は
まだ興奮冷めやらぬ状態である。

獣医師と相談のうえ、服薬は数時間見送らせて頂いた。

振り向くと、ぺるが部屋の入り口で半分顔を覗かせこちらを窺《うかが》っていた。


ようやく、薬を飲むのが自分でない事を察し、ぺるが近くへ寄ってきた。

先程とは打って変わり、私とうにの間《あいだ》に入り、こちらへ甘え、うにへ甘え、うににどつかれ私の膝に停留した。

逃げた分を取り戻すかのように甘え、私が立ち上がる体勢を取り、傾斜が八十度になっているというのに膝上で踏ん張っている。

身動きのできぬその隙に、うにが薬が入った袋を尻でやんわりと踏んでいる。

やはり、我慢しているだけで薬に対し思うところがあるのだろう。


今でこそ、錠剤を飲んでくれるようになったが、ここに至《いた》るまでは色々と試した。

「薬は猫が好きな液状おやつに混ぜるべし」というアイディアをネットから得て実行してみたところ、錠剤の色が青色であった為《ため》に、妙に青みがかった不気味な液体ができた。

視覚からしてアウトである。

試しに見せてみたが、うには一目見て離れ、窓の外の景色を見始めた。

明らかに現実逃避している。

一方ぺるは砂をかけるそぶりをし、埋めようとしていた。

猫が見る世界は、人が見るよりも鮮やかな色相ではないが、青系統の色は認識しやすいという。

猫目線に立ち冷静に考えれば、毛の生えていない巨人が声高々に、見た事のない不気味な青い液体を唐突に差し出してきたとして、さあ食べようなどと思う者の方が稀である。人が不味そうと思ったものは、猫も大抵食わぬ。


結果として、我が家では錠剤はそのまま口に放り込む方が良いとなった。うにが特に錠剤を飲むのが上手かった為《ため》、それを見ていたぺるも上手くなってきた。

しかし、口に放り込んだ後の所作まではうにから教わっておらず、うっかり噛んでしまい口の周りが泡だらけになった。

細《こま》かな泡を撒《ま》き散らしながら走り回るぺるが、我が家の全ての部屋にお届けされた。

泡状のぺるを見た父が大変心配し
「ぺるが！泡ふいてる！」

と、悲鳴を上げた。

シャボンのような泡を振りまく猫とはテーマパークでは幻想的かもしれぬが、一般家庭からすれば地獄絵図である。私はぺるの痕跡を辿りながら掃除し、パレードの後ろでゴミを拾い歩くスタッフの気持ちを味わった。

しかし、何よりもぺる自身が苦いやら泡やらで大変である。

ある程度《ていど》逃げ回った後《のち》、口から泡をしたたらせるぺるが部屋に戻ってきた。

「何故、こんな目に……」

と、目を見開き、信じられないといった様子でこちらを凝視し佇んでいる。

私の不徳の致すところである。

大変申し訳ない。


どうしたものかと獣医師に相談したところ、カプセルやオブラートが薬局などで売っているらしく、それに入れれば良いとのアドバイスを頂いた。

早速買いに行くと、カプセルは明らかに巨大な物しかなかった。

恐らく私が病気になった際にこれを飲めば、死因が病死ではなく窒息死となる。

こんな巨大なものを小さなぺるに飲ませる訳にはいかぬ。

第二候補のオブラートに切り替えたが見当たらず、店員に訊いてみたが
「包んで、あげられるものが欲しい」

などというアバウトな説明をした為《ため》に、春巻きの皮のコーナーに案内された。

今夜の晩酌の友は春巻きとなった。再び店員を探し訊《たず》ねたが
「飲み込み安いようにボラギ○ールが欲しい」

などと名称を間違えた為《ため》に、口から痔の薬を摂取する気味の悪い客となった。

馬鹿に付ける薬を付けずに飲むに匹敵する愚行である。

店員が非常に有能であった為《ため》、無事オブラートと出会った。

オブラートを使用する際は、そのまま飲ませると喉に張り付く恐れがあるので、必ず獣医師と相談し、飲ませ方を考えて頂きたい。

しかし、まず錠剤を等分する事に技術が必要であり、何回か粉と化したうえに、オブラートに包む事も不器用な私には難題であった。

しかし、やっていれば何とかなるもので、今やオブラートに錠剤を包む選手権があれば上位にランクインできるのではないかと思っている。

爪切りと猫の話

爪切りは猫にとって必須である。

必須であるが、ぺるは爪切りが非常に苦手である。

更に肉球の間《あいだ》の毛も「そんな所、伸びるのかい？」という所から伸びる為《ため》、こちらも定期的に手入れが必要である。

気を抜くと毛によって足元が滑り、ぺるが廊下を平行移動する姿が見られる為《ため》、伸びきる前に病院へカットしに行っている。

事前に連絡を入れ、うにとぺるを連れて爪切りと肉球の間《あいだ》の毛のカットを頼んだ。

穏やかそうな女性のトリマーが優しくぺるに語りかけながら毛を処理していくが、ぺるは

「シャーーーー」

と威嚇し、抵抗の意を表《ひょう》していた。

威嚇こそすれど噛みはしないので、「優しい子だねぇ」と褒めてくれた。

しかし、その直後
「全然殺気を感じない」

と、何らかの達人のような言葉が発せられた。

今までの余裕は強者の余裕であった。


ぺるはその後、威嚇する事はなかった。

恐らく達人のオーラを感じたのだろう。

見事なバリカン捌《さば》きにより、ぺるの毛に埋もれていた肉球は露わになった。


その後、うにの爪切りに入った。

うには診察台の上に腹這《はらば》いに座った。

そして、暴れる事もなく、威嚇する事もなく、爪切りは施《ほどこ》された。

達観した顔をしていた。

達人と武士が織りなす、静かな空間がそこにあった。

そして、うにも凄まじく褒められた。


家に帰るとぺるは「やーこなんて、もう信じない」という目を向けた。

しかし、足が滑らぬ事に気がつき、調子に乗って走り回り、うにに張り手を食らった。

うには爪が切られた事により、爪研ぎ心地が変わり少々不満げであった。

うにとぺるの取っ組み合いの際に互いにうっかり引っ掻かない為《ため》にも、そこはご了承頂く他ない。

いつもより多めに撫で励ましている。

猫がほつれた話

ある日、うにの顔を見ると、ぬいぐるみの糸がほつれているかのように、頬の横から毛が一束飛び出していた。

非常に引っ張りたい衝動に駆られた。

しかし、万が一にも引っ張る際に痛みが生じたら「もう人間なんて信じない猫」と化し、しばらくは呼びかけても一瞥《いちべつ》くれるだけとなる可能性がある事と、何となくどこか解けてはいけない所が解けてしまうのではないかという疑念も捨てきれず、経過観察を余儀なくされた。

見れば見る程気になり、更にうにが食事中に食む度《たび》にほつれが揺れ動き、私の理性が限界を迎えた。

抜く事は恐ろしいので、一声《ひとこえ》かけた後《のち》にぴろぴろと触らせて頂くに止《とど》めた。

すると、ぺるも気にかかっていたようで同じく指で突《つつ》き始めた。

ぺるは好きな事ができると猪突猛進猫《ちょとつもうしんねこ》と化すので、うには大変迷惑そうであったが触らせてやっていた。

その夜、うにが人知れず部屋の隅で腕を振っていた。
猫パンチの素振りをしているようであった。
何か感覚を掴んだ顔をしていた。

夕食後、ぺるが再びうにをぴろぴろするべく、スキップで現れた。
余程気に入っているようであった。
そして、うにに甘えながら手を伸ばした瞬間、うにのパンチがクリーンヒットした。

基礎練習は裏切らないという事を目の当たりにした。

犬や猫と暮らす人々

動物病院へ行くと様々な犬や猫、人々に出会う。

先日、順番待ちをしていた際、診察室に入っている奥さんと猫を待っている男性がいた。

ちらちらと、うにに視線を向けた後《のち》
「うちの猫に似てる……！」

と、嬉しそうに声を上げた。

すると診察を終え、タオルに包まれた老猫を抱える奥さんが現れた。

旦那さんがうにを指さすと、奥さんも
「似てる……！」

と、嬉しそうに声を上げた。

私もタオルの中の猫に目を向けた。
茶白の模様に、顔つきも確かに似ており
「似てる……」
と、思わず声が出た。

猫はおむつを穿き、ゆったりとした眼差《まなざ》しでこちらを眺めていた。

もうすぐ二十歳になるという。

「でも、ちょっともう限界そう」

と、二人は愛猫を撫でながら言った。

その撫でる手付きや表情から、今までの二人と一匹の過ごした時間の長さや、愛情の深さが垣間見えた気がした。


猫は非常に穏やかで優しい顔をしていた。

凄く幸せそうな顔をしている猫だと伝えると、二人とも嬉しそうに笑った。

うちの猫達も好きなだけ生きて穏やかであってほしいと思う。

ふと思い出しては何だか胸の内の温まる、素敵な御家族であった。

――犬と飼い主の散歩事情

桜の舞う季節、意味もなく近所を徘徊していたところ、散歩中の犬が近づいてきた。

あまりにも可愛かったので、飼い主の女性に許可を頂き撫でさせて頂いた。

すると、笑顔の犬を嬉しそうに見つめながら
「私、足が悪くてね。早く歩けないから、この子に申し訳ないのよ」

と、話した。

しかし、その申し訳なく思われている本犬は弾けんばかりの笑顔であった。

恐らく飼い主側からは見えていなかった事と思うが、こちらに気づいて寄ってくる前も、非常に嬉しそうに歩みを進めていた。

その事を伝えると、飼い主の女性も犬もよく似た可愛らしい笑顔で笑った。


今もその飼い主の女性と犬は、ゆっくりと散歩を楽しんでいる。

その穏やかな足取りが、桜の美しさをより深く感じさせてくれた事だろう。

頭に桜の花びらを載せたあの犬は、四季の流れと散歩の時間を、これからも飼い主と共にゆっくりと楽しんでいくのだろう。

――ゴロムシ

ゴロムシは自由に近所を歩き回っている。

行く先々に現れるので何匹もいるのかと錯覚に陥《おちい》る。

そして、塀の上や茂みの横に座り、じっと辺りを眺めるその佇まいから、近隣の小学生達には「地蔵」という愛称で親しまれている。

飼い主のオヤジは完全室内飼いにしたいと申していたが、野良生活の長いゴロムシは閉じ込められる事を嫌った。

大抵の猫は出たがっても出さずにいれば外に行きたがらなくなるというが、ゴロムシはハゲを抱えてしまった為《ため》、獣医師と相談し、ある程度《ていど》自由にしてもらう事となった。

とはいえ、オヤジの家が好きな事は確かであり、一日の大半は室内で過ごしている。


しかし、餌ある所にゴロムシ在りである。

地域猫の餌スポットに行くと、必ずゴロムシがいる。

奪う事はしないが、皆が食事を終えるまで見つめ、残っていれば食べている。

その為《ため》ふくふくと順調にゴロムシは膨張し、ついにダイエットが言い渡された。

首輪の背中側に「ダイエット中」と書かれた紙を貼られた。

ゴロムシは嫌がりもせず、そのまま出かけて行った。


ある日、オヤジと話していると、丁度ゴロムシが帰ってきた。

「ダイエット中」の紙に
「キャットフード食べてました」

と、書かれていた。

つまみ食いがバレてしまった。

ゴロムシは満足げであったが、オヤジは
「だから減らないのか……」

と落胆し、ゴロムシを撫でた。

ダイエットへの道のりは遠いが、撫でられゴロゴロと喉を鳴らすゴロムシに、オヤジもつい笑顔を見せていた。

キャットフード

弱った猫の声が聞こえて後悔した話

友人と二人で公園のベンチに腰かけていたところ、私の尻がため息を吐《っ》いた。
その瞬間、友人が
「猫の鳴き声がした！」
と言い出し、猫を探し始めた。

猫の声ではなく、私の尻の声である。
気のせいではないかと控えめに伝えたが
「確かに猫の声がした」
と、友人は譲らなかった。
しかも、「あの鳴き声は弱っている猫の声だ」と申している。
私の尻が弱っている可能性が浮上した。

友人が想像上の猫を介し、間接的に私の弱った尻を心配し植え込みを探している。
しかし、そこには猫も尻もいない。
鳴き声の発生源の尻ならばすぐ傍《そば》にあるというのに、こうやって人間は見えないものを探し、すぐそこにある真実を見落としてしまうのだと私は知った。

友人が猫を捜索している間《あいだ》、私は己の中に眠る音源の在庫処分に努めた。
今度こそ音を発さずに行《おこな》おうとしたが、私の意思とは裏腹に細い高音が発せられた。
友人が
「ほら。やっぱり猫がい……」
と、全てを言い終わる前に、私の尻から
「マッソォ……」
という音がした。

ため息交じりに誰かが呟いたような、そんな音であった。
友人は猫の声から徐々に「マッソォ……」と、グラデーションを遂げていく放屁に、私を見つめ動きを止めた。

沈黙が二人を包んだ。

友人は現実を受け入れられぬのか、ただ私を見つめている。

私の尻が途中で音楽性を変えた為《ため》に、解散の危機である。

ボーカルが弱っていた事により誤解が生じ、友人から笑顔が消えた。

弱った猫がいなくて良かったじゃないかと励ましたが、その安堵と共に放屁の音を頼りに必死に茂みの中を探していたという事実が友人を貫《つらぬ》いた。

友人は肩を震わせながら
「やっぱり、お尻の音なんだ……そうなんだ……」
と、私に訴えてきた。
放屁という言葉を避けるあたり、友人の品の良さが窺《うかが》えた。

そして、尻がため息を吐《つ》く際は事前に申せと無茶な事を言い出した。

しかし、突如会話の流れをぶった斬り
「それでは聞いてください。屁です」

などと宣《のたま》う方が、友人関係に亀裂が生じるのではないだろうか。

私はいまだにこの正解が分からない。

猫に威嚇された話

外出中、ポケットから落としたティッシュを拾おうと腰を曲げた瞬間に腰を攣《つ》り、私は猫の威嚇のようなポージングで停止した。

痛みが去るのを待っていたところ、近所の猫が通りかかり、こちらを訝《いぶか》しげな目で見て歩みを止めた。

互いに見つめ合った後《のち》、猫がゆっくりと背を丸め始めた。

みるみる私と類似するポージングへと仕上がっていった。

十字路の真ん中で、猫と私の戦いが始まった。

威嚇しているつもりはないというのに、悲しきすれ違いが今我々に確執を生んだ。

敵意はない旨を伝える為《ため》に、私は猫に話しかけた。

しかし、猫からは
「もぉんぐりあぁん」

としか返ってこなかった。

「もんぐりあん」の謎が解けぬ限り、決して許してくれなそうな雰囲気であった。


すると、不幸な事に巡回中の警官が猫の後方を通りかかった。

しかも、いつもの近所をうろついている警官ではなく、顔馴染みのない者であった。

警官は同じポージングで止まる猫と人間を目にし、同じく止まった。


警官がこちらを静観している。

新しいタイプの不審者かどうか見定めているのだ。

私は居心地が悪くなり、攣《つ》った所をなるべく刺激せぬように細《こま》かいステップを刻み、十字路の道の陰に隠れようと足を進めた。

しかし、猫も同じ足取りでついてきた。


何故この猫は鏡合わせのような動きでついてくるのであろうか。

猫からも警官の視線からも逃れる事ができず、私は万策尽きた。

不審な猫と人間の奇怪なシンクロを見せつけられた警官が
「……何やってるんですか？」
と、遠くから震える声で訊《たず》ねてきた。
御覧の通り、猫に絡まれている。
しかし、事の発端は私である。
私はただ、猫の誤解を解きたいと警官に返事を返した。

しかし、私がこの体勢を解かぬ限りは、誤解も解けぬだろう。

何とか体勢を直立に戻す為《ため》に徐々に動かしたいところではあるが、今がピークである為《ため》それも叶わぬ状態であった。

猫の誤解を解きたいと宣《のたま》う不審人物が、猫を威嚇している意味の分からぬ光景が警官の目にお届けされている。


警官は距離を詰める事なく、私と猫を見つめている。

恐らく、もう交番に帰ろうかなくらいは思っていたと思う。

変質者が多い地域では、猫に絡まれている程度《ていど》では優先度が低いのである。

警官に去られれば、私は一人、猫と威嚇し合い「もんぐりあん」などと言われ続けなければならない。

すると横道から、豆電球に酷似したほろ酔いのオヤジが現れた。

このオヤジは、近所で常にワンカップを啜《すす》っているオヤジである。
猫はオヤジを目にすると、すぐに傍《そば》へ駆けていった。
予想外にも、大変懐いているようであった。
オヤジは私を一瞥《いちべつ》し
「しぇしぇ」
と笑うと、猫と去っていった。

しかし、オヤジのズボンのチャックが全開であった為《ため》
「おとうさん、チャックが開いてますよ。チャック閉めましょう」
と、警官に後を追われ注意されていた。

「もんぐりあん」の謎だけを残し、私は一人孤独に腰を攣《つ》り続けていた。

我が家でのうにとぺるの話

――ぺると母と父と――

我が家の炬燵《こたつ》で主婦が寝ていたところ、足を肉球のようなもので殴打される事件が発生した。

その後、被害者は自衛として炬燵《こたつ》から足を出さず顔のみ出し寝ていたが、再び何者かに額を殴打される被害にあった。

同様のものとみられる手口が多発しており、付近への警戒が呼びかけられている。

その他、主婦の畳んだパンツが倒され散乱されるといった被害も見られ、いずれも現場から立ち去る不審な短い尻尾が目撃されている。

その尻尾の者が何らかの事情を知っているものとみて、現在行方を追っている。

そんな母は最近腰が痛む為《ため》、リビングでテレビを見る際は骨盤矯正の椅子を愛用している。

これに座れば痛みは改善され大変重宝していたが、ある時母がリビングに入ると大変満足げな顔をしたぺるが座っていた。


一瞬の隙をついての犯行であったという。

しかも、割《わり》と正しく座っている。

猫背を気にしているのだろうか。

その日を境に、母とぺるの椅子を巡る戦いが始まった。


どうやら大変お気に召してしまったようである。

母が先に座っていれば、ぺるはわざわざ母の視界に入るように前方に座り、上目遣いに無言でじっと見つめている。

どうやら、小さな身体で圧を与えているようである。

しかし、母も腰を痛めている為《ため》、骨盤矯正の椅子を譲る訳にはいかない。

母はぺるの眼差《まなざ》しに耐え抜いた。

しかし、母が気を抜き立ち上がろうものならば、次の瞬間にはぺるが座っている。

しかも最近では熟《こな》れてきたのか、昔の海外映画のバスタイムの一幕のように片足を上げ優雅に毛づくろいに勤《いそ》しんでいる。

骨盤矯正を巡る戦いが繰り広げられている中、私は友人から不要になったリクライニングチェアを頂いた。

自宅リビングに設置し、試しに座ってみたところ大変快適な物であった。

この椅子で一杯しけこもうと思い立ち、酒を片手にリビングへ向かうと、父が椅子で爆睡していた。


母は猫に椅子を奪われ、私は父に椅子を奪われた。

どちらかと言えば、人間のオヤジよりも猫に奪われたいと思うのは多くの人間の性質である。

ややあって、一階から父が家の中をうろつく気配がしたので再び酒を持ってリビングに足を運んだところ、今度はぺるがリクライニングチェアで片肘をついてこちらを見ていた。

目を覚ました父が、ぺるの眼差《まなざ》しにやられ席が譲渡されていた。


そのような日々が続いたある日、夜中に帰宅しリビングの電気を付けると、ローテーブルの上に座布団が敷かれ、その上に骨盤矯正の椅子が置かれていた。

そして、その椅子にぺるが鎮座《ちんざ》していた。

玉座《ぎょくざ》のようであった。

私が飲みに行っている間《あいだ》に下剋上が起きたのだろうか。

令和のぺる政変、ぺる騒動など、私の中の浅い歴史知識が脳裏を駆け巡った。

母に事情を訊《たず》ねると、

「夜はお母さんの貸してあげる事にした」

と、申していた。

「お母さんの」という所に確執と、「貸してあげる」の件《くだ》りで愛を感じた。

しかし、昼間もぺるは母の椅子を狙っている。

この戦いは、まだ続いている。

──うにと父と母と──

父は、ぺるが椅子を譲ってほしそうにしていれば譲る、ぺるに甘い性分を持っている。

そして、母同様に猫達が好きであり、うにを見つければ撫でようと試みている。

二階の自室で私がまどろんでいると、一階の廊下でうにと父が顔を合わせたのか、父が嬉しそうに名前を呼んでいた。

「うにー、うにー」

と、声をかけた数秒後
「あぁーー……」

と、スルーされた声が響き、音声のみで父の状況が把握された。

恐らく、うには家に来てようやく慣れてきた頃に、うにへの愛しさが爆発した父に抱えられ空中浮遊させられた事を根に持っている。

とはいえ、義理堅い猫であるので、父への挨拶は欠かさない。

しかし、身体を擦り寄せる類《たぐ》いのものではなく

「にゃっ」

という遠方からの声かけであり、人でいうところの

「よっ」

という感じである。

和室で襖《ふすま》を開け放ちPCで作業をしていると、隣の部屋で同じく作業をしている父の足元で微妙に距離を空け、くつろいでいるうにと目が合った。

人間換算すれば私よりも父との年齢の方が近い為《ため》か、それなりの付き合いで成り立っているようであった。

なんだかんだ交友を深めているようで何よりである。

父はよく猫達のブラッシングをしてくれるが、ブラッシングした際の報告が

「うに毟《むし》ったぞ」

である為《ため》、聞く度《たび》にうにがハゲていないか思いを巡らせている。

父の日課にうにを毟《むし》るというものが追加された。

うっかり動物病院などで口走りそうなので、今私は細心の注意を払って獣医師と会話をしている。


一方で、母とうには良い関係を築いている。

母から近寄ると逃げる場合があるので、うにが入口にいると母は
「逃げたら申し訳ない」

と、気を使い迂回《うかい》している。

うにも母が洗濯物を取り入れる為《ため》に部屋に入れば、母に場所を譲っている。

うには母に撫でられるのは、やぶさかではないようであった。

台所にいる母に自ら近づき、ぺたりと座り撫でてくれと要求すれば、大抵その要求は呑まれている。

よって、しゃもじを天に掲げ、謎の体勢でうにを撫でている母を目にする。

うにの毛が食事に入らぬように配慮した結果である。

何となく、腰痛の理由の一つを垣間見た気がした。

猫と暮らせば

猫達が共に暮らしてくれているお蔭で、私は日々様々な出来事から助けられている。

なので日頃より常々、私はうにとぺるを甘やかしたいと思っている。

誤解のなきよう細《こま》かく申せば、危険な事については無論断固として厳しく対応する。

しかしながら、野良生活が長かった為《ため》か危険なものは既に知っており、私よりも危機管理能力は備わっている。

こちらで取り返しのつかぬような困る事もせず、敢えて探して言うならば、ぺるが襖《ふすま》などに爪跡を残そうとするくらいであったが、うにや私からの説得により、現在はやらなくなっている。

子猫も大変可愛らしいが、私としてはある程度《ていど》世を熟知している成猫や老猫の方が相性が良い。

特にうには、よくできた猫であり注意する事がない。
せいぜい甘やかせるところと言えば
「特に急用ではないが、来てくれたまえ」
と、階段の下から呼んでいる時に行くくらいである。

うにが呼ぶ時は、大抵は一緒に庭を見たり、押入れの中身を眺めたりというものであるが、その際に私はうにを撫でまわし、うにからでしか得られない栄養分を大量摂取している。

うには膝上に座るよりも、抱きしめられながら撫でられる英文化式の抱擁《ほうよう》を推奨しており、こちらの足が痺れる事もないので、ここぞとばかりに頬ずりなどさせて頂いている。

しかし、ぺるがうにに頬ずりする際は、数回でうにの肉球ストップが入っている。

私はうにを甘やかしているつもりでいたが、どうやら逆にうにに甘やかされている。


ぺるは、いくらでも甘やかされたい猫である。

うにと私が肩を並べ外を見ていれば、ぺるは必ず間《あいだ》に入ろうとする。

僅《わず》かに隙間があろうものならば、そこに尻を割り込ませどすりと腰を下ろし、隙間がなくとも無理のあるテト○スのように上から降ってくる。

満員電車には確実に現れてほしくないタイプである。

これを「絶対間《あいだ》に入るマン」と呼んでいる。

私自身は席が空いていれば端を取りたいオセロ気質である故《ゆえ》、真ん中に入りたいぺるの気持ちが気になり、うにとぺるが並んでいる時に何となく間《あいだ》に顔を埋《うず》めてみる事にした。


柔らかく、肌触りの良いものに顔が包まれた。

猫と猫の間《あいだ》に天国が発生していた。

確かに、これは真ん中を求める。

以後、私も時《とき》たま二代目絶対間《あいだ》に入るマンを継承している。


間《あいだ》に入ってもうにもぺるも嫌がらず、むしろ毛づくろいまでしてくれる始末である。

我が家では
「また猫に甘やかされている」

という言葉が生まれた。

猫を甘やかしたい。

しかし、猫に甘やかして頂けるのならば、謹《つつし》んでお受けする。

案外どこの家でもそうなのかもしれない。

我々は甘やかしているつもりで、実は気がつかぬうちに猫達に甘やかされているのかもしれない。

——猫とその周りの人達

甘やかしたいが甘やかされている私は、うにが初めての猫である。（猫（概念）を除く）

うにが家族の一員となった際は、動物病院の方々を筆頭に各所に大変お世話になった。

我が家にうにが来た際、近所で大変親身になってくれたのが、人より猫が好きなオヤジである。

一見すると不愛想、二見すると怖いと言われるタイプである。

出会い方が少々特殊であったので、そう感じる間もなく何となく腐れ縁のようになったが、出会いが違えば目が合った瞬間に意味もなく謝罪の言葉を発していたかもしれない。

うにが保護されまだ入院していた時、オヤジの庭先で「退院次第、我が家にお迎えするが、猫と暮らすのは初めてだ」とオヤジに話すと、眼光の鋭い目をかっぴらき

「少し待ってろ」

と言い残し、自宅へと姿を消した。

数分後、鎌を持って現れたので、オヤジを倒さねば猫と暮らす事は許されぬという試練でも始まるのかと思ったが、畑から刈り取った野菜と本を渡してくれた。

手渡された本は猫の飼い方の本であり、付箋《ふせん》が大量に貼られていた。

それには動物病院でもらったアドバイスや、注意が必要な事などがびっしりと書かれていた。

ページをめくるごとに、オヤジの猫達に対する思いが感じられた。


本を返す際、オヤジに感謝の気持ちを込め封筒を渡した。

オヤジは帰宅後に封筒を開《ひら》くと、例のあかなめと対面した。

後日
「あの絵はなんだ」

と、訊かれたので、うちの猫だと答えると
「多分猫じゃないぞ」

「あんた何かに騙されてる」

と、オヤジが、私が一緒に住んでいるのは本当に猫なのかと疑い始めた。

咳をするとあのようになると説明したが
「気が緩むと術が解けるんだな」

と、頑《かたく》なに何らかの妖怪説を譲らなかった。

真顔で奇妙な会話を進める二人に、傍《そば》で話を聞いていた近所の中年女性が、何故妖怪についてこんなにも真剣に語り合っているのだろうかと不思議に思ったという。

感謝の手紙の彩りとして絵を添えたと、オヤジと中年女性に説明すると
「何故よりにもよって咳をしている猫を添えた……？」
と、疑問の声が浮上した。
その後、オヤジのお宅にお邪魔すると、私のあかなめが玄関に飾られていた。
魔除けにしているという。
しかし、後日オヤジは腰を痛めたので効果の程は定かではない。

――猫が家にいる万能感と後遺症

うにとぺるは完全に室内で暮らす家猫である。

人より猫が好きなオヤジも含め、近所の方々は我が家の猫に会う事はないが、姿は見えずとも「猫ちゃん元気?」と、気にかけてくれている。

私が近所で不審者と間違えられても受け入れられているのは、猫達のご利益かもしれぬ。


気持ちに引っ掛かるような出来事が自身の身に降りかかっても
「でも、家には猫がいるしな」

と、ある程度《ていど》の事は吹き飛ばせている。

しかし、この「猫がいるマインド」は万能であるが、それに頼り切っていると危険である。

昔、アルバイトでコンビニのレジ打ちをしていた際に、前の店員がお手拭きを入れ忘れた事に激怒した中年女性客が現れた。

「あの店員を今すぐ呼び出し謝罪させろ」と申していたが、当の店員は外出しており、私が話を聞く他ない状況であった。その旨を誠心誠意お伝えしようとしたところ
「私じゃ駄目ですか?」

と、恋愛ドラマにおける噛ませ犬のセリフのようになった。

誠心誠意お伝えしたが故《ゆえ》に、逆に気味の悪い感じになってしまった。

せめて私が女性に追いかけ回されるような魅力溢れる者であれば現状は好転したかもしれぬが、どう足掻いてもそこは私であるので、何も変化は見られなかった。


とはいえ、該当店員がいない事はどうにもしようがないので、ここはひとつ私で妥協して頂きたいところである。

続けて説得を試みたが
「店員よりも店長への報告による効果で、お客様満足度が向上したという実例が御座います」

「私であれば最短で明日、店長に報告する事が可能です」

「更に今なら、お手拭きを二個、お付けする事ができます」

と、説得をすればする程に、深夜の通販番組の文言のようになった。

どんなに申しても要求した店員が出てこぬうえに、胡散臭い店員のセールストークが展開されるだけであると悟ると、客の注目の対象がお手拭きを入れ忘れた店員から私へと移行されたのか
「あんたみたいな人に、何か良い所ってあるわけ?」

と、唐突に私のチャームポイントについて訊《たず》ねられた。

「家に猫がいますね」

と、深く考えるよりも先に言葉が出た。

普段より「家には猫がいる」という思考でいた後遺症である。

何か言いたげな客に
「それも二匹、可愛いのがいます」

と、言うと客は完全に黙った。

「ちょっと見てみます？」

と、秘蔵の猫写真をお見せすると、その後は何も言わず去っていった。

文句を言いに行ったのに猫の画像を見せられて帰る客と化した。


数時間後、やはり何かがおかしいと思ったのか「苦情を言いに行ったのに、猫の画像を見せられて帰された」という苦情の電話がかかってきた。

電話を取ったアルバイトの木村は首を傾げた。

しかし、客の苦情の随所にちりばめられた各ワードから、恐らく私が原因であろうと察し
「担当の者に変わります」

と、一言申した後《のち》、電話は私へと引き継がれた。

「先程対応した者ですが、どうもご迷惑をおかけしまして……」

と申したところで、通話は切られた。

そんなにも嫌がらなくてもと少々傷ついた。

しかし、家には猫がいるので何とか持ちこたえた。

因みに、お手拭きを入れ忘れた店員はこの木村である。

猫のおかげで精神的負荷が大方《おおかた》中和されている。

しかし、電車に乗り遅れたりなどの、日常における魚の小骨の引っ掛かりのような些細な負荷に対しても常用的に猫に頼り切っていると、ふとした瞬間に驚くほど抵抗なく言葉に出るので注意が必要である。

常日頃に思っている事とは、つい口を突いて出てしまうものである。

しかし、本件に至《いた》っては原因はそれだけではない。

よく考えれば、私自身に特技らしい特技がない事も原因である。

——特技と猫と

唯一私の特技と言えるものは、武術の練習で培《つちか》った「喉突き」くらいである。
立派な特技であると自負はしているが、以前別のバイト先で
「こんな事もまともにできないのかよ。じゃあ、お前に何ができるんだよ」
と、気合いの入った先輩にご質問頂いた際に
「人の喉を突くのが得意です」
などと答えてしまい、突如先輩の喉を脅《おびや》かす危険な新人と化した。

このままでは再び似たような事が起こる可能性があるので、平和的な特技が必要とされた。

そこで楽器をやろうと思い立ち、ウクレレに手を出してみたところ
「どうやったらウクレレで、そのような不気味な音が出せるのか」

と、大変不評であった。

ウクレレを奏でている間《あいだ》、うには遠い目をし、ぺるは延々と己を毛づくろいしていた。

明らかにストレスがかかっている。

ウクレレは秘密裏に練習を重ねる事にし、平和的でできれば運動にもなり、尚且《なおか》つ手頃なものを追求した。

そして、私は尻カスタネットにたどり着いた。

ハーフパンツにカスタネットを縫い付け固定し、臀部《でんぶ》の筋肉の微調整を行《おこな》い「最初は音を鳴らす事さえ容易ではなかった」と、音を鳴らす事が困難な楽器の代表格トランペットの奏者にぶん殴られそうな事を呟きながら徐々に鳴らせるようになってきた。

これで特技に
「楽器などを少々」

と、言えるようになった。

うにがチベットスナギツネのような目をして、こちらを見つめている。

ぺるはウクレレに手を伸ばし、ポロンと音を響かせた。

――うにとぺると私

このようにして、猫に励まされつつ暮らしている。

うにとぺるは猫エイズが陽性であり、定期的に体調を崩したりしていたが、喉元過ぎれば何とやらで、今や物ともせず楽しく過ごしているようである。

この原稿を書いている今も、ぺるはPCの横で窓の外を眺め、私のすぐ後ろではうにが気持ちよさそうに寝息を立てている。

この何気なく共に過ごす時間が、私には非常に幸福な時間なのである。

うにとぺるには各々満足ゆくまで好きなだけ長生きしてほしい、一秒でも多く穏やかに過ごしてほしいと、常々思っている。

それが私の穏やかに過ごす時間へと繋がっている。

この時間を守る為《ため》には、人間関係のむにゃむにゃや細《こま》かい事は喉元を通す前に、うがいの要領で吐き出す所存であり、心乱される原因からの戦略的撤退も辞さぬ。

皆様も、もし何かあれば尻でカスタネットを奏でているような人間も生きているのだから、大丈夫だと思って頂ければ幸いである。

多少の事は尻でカスタネットでも鳴らし、猫と共にこれからも私はこの人生の妙味を味わい尽くしていく。

様々な場所で生きる猫達も、優しき人達も、穏やかに過ごせる時間が多く訪れる事を願っている。

あとがき

本書を手に取って頂き、誠に有難う御座います。

まず最初に、本書タイトルにもあるカスタネットは、ズボンに縫い付けたり、手で押さえたりなどしたうえで布上から挟んでいる状態であると、誤解なきように此処《ここ》に記させて頂く。

皆様の頭の中で、生尻に挟むというとんでもない絵面になっていない事を願う。

「あとがき」ではなく「はじめに」の方に書くべきであった気がしないでもないが、いきなり尻カスタネットの弁明から入るのも如何《いかが》なものかと思われるので、こちらで良い事とする。

尻カスタネットの話はX（旧Twitter）に投稿した話であり、その際に読んだ皆様から「尻カス」と略され、当時は震えたものであった。

とはいえ、この様なタイトルではあるが、今回は「猫と私」の話が中心という事で、書き下ろしは愛猫の話や、近所の猫が現れる話を書かせて頂いたが、本当にこれでよろしいのかと愛猫にバックスペースキーを押されながら不安に駆られていた。

しかし、いつものスタンスであればどちらかと言えば「不審者エッセイ」という恐怖のエッセイと化すので、途中から趣旨を理解し安心して書かせて頂いた。

……などと書きつつも、いつものスタンスのものもあるので、読者の皆様がどのように感じられたかは分からぬが、もし一つでも琴線《きんせん》に触れる話があれば大変嬉しい限りである。

読者の皆様、並びにイラストを引き受けてくださった十筆斎殿、いつもブログやXでイラストを担当してくださる栖周氏、書籍化にあたり常々お力を貸してくださっている、担当、編集、営業、校正、製本の皆様、そして「本に載せて良いよ」と許可をくださった登場人物の皆様に、本当に感謝している。

私のような尻にカスタネットを挟み打ち鳴らしているような者にも優しくしてくださって本当に有難う御座います。

そして、前二作もそうであるが、今回も文章で得たものは、我が家の愛猫うにとぺるの「うにっぺる貯金」をメインとし、犬猫を筆頭に動物保護団体へ一部寄付、そして、その残りをカブトムシと共に樹液を啜《すす》る謎の虫のように私も便乗させて頂いている。

皆様のおかげで再び本を出せた事、保護を必要とする動物達に少しでも貢献できた事、一人ではなかなか叶わなかった事をお力添えを頂き実現できた事が本当に嬉しい。

皆様とその周りの生き物達に、幸多からん事を！

やーこ

あとがき

祇園精舎の鐘の声、諸行無常の響きあり——

はじめまして、挿絵を担当した十筆斎と申します。

この度《たび》は本書をご購読頂き、誠に有難う御座います。
私は会社員をしながら、趣味で絵を描いてX（旧Twitter）に投稿する、不変の日々を送る者です。
いつものように絵を描いていたある日、
本書の挿絵のオファーを頂きました。
平和な日常の中で縦横無尽に暴れまわる猫ちゃん達と、
それに振り回される続ける人類。
筆先が面白いほど走るエピソードばかりで、
何だか私の生活まで賑やかになったような気がしたひとときでした。
このような素敵なご縁を頂けたことに深く感謝いたします。
人類と猫類に幸あれ。

十筆斎

やーこ

日常に転がるちょっとしたトラブルを、ドライブ感あふれる筆致でユーモアたっぷりに書き、Xやnote、ブログで配信中。抱腹絶倒の展開と劇的なオチの真偽は定かではなく、謎多き存在だが、その世界観に魅了されるファンが増え続けている。2023年5月に「猫の診察で思いがけないすれ違いの末、みんな小刻みに震えました」（KADOKAWA）でデビュー。2024年4月には2冊目となる「電車で不思議なことによく遭遇して、みんな小刻みに震えました」（KADOKAWA）が刊行。

X：@yalalalalalala
note：https://note.com/8_5_
ブログ：「やーこばなし」https://yalalalalalala.livedoor.blog/

十筆斎

感じたことやトレンドなどを動物や坊主のイラストで表現した作品をXで投稿している。
X：@jissunboshi96

尻でカスタネットを奏でたら視線が刺さり震えたが今日も猫は愛おしい

2024年 11月 29日　初版発行

著　者　やーこ
イラスト　十筆斎
発行者　山下 直久
発　行　株式会社KADOKAWA
〒102-8177 東京都千代田区富士見2-13-3
電話 0570-002-301（ナビダイヤル）
印刷・製本　株式会社 暁印刷

ISBN 978-4-04-897829-3　C0093